放射線
科学が開けたパンドラの箱

Claudio Tuniz 著

酒井 一夫 訳

SCIENCE PALETTE

丸善出版

Radioactivity

A Very Short Introduction

by

Claudio Tuniz

Copyright © Claudio Tuniz 2012

All rights reserved. No part of this book may be reproduced or transmitted in any form or by any means, electronic or mechanical, including photocopying, recording or by any information storage retrieval system, without the prior written permission of the copyright owner.

"Radioactivity: A Very Short Introduction" was originally published in English in 2012. This translation is published by arrangement with Oxford University Press.
Japanese Copyright © 2014 by Maruzen Publishing Co., Ltd.
本書は Oxford University Press の正式翻訳許可を得たものである．

Printed in Japan

訳者まえがき

 本書はクラウディオ・チュニスによる"Radioactivity—A Very Short Introduction"を訳出したものです．本書では，国際的に活躍されている著者の幅広い活動の経歴に基づいて，放射線や放射能の発見からさまざまな利用について紹介しています．特に，年代測定における放射線や放射性同位元素の応用に力点が置かれています．しかしながら，取り上げるのは放射線利用の「明るい側面」だけではありません．「負の側面」にもページを割いていることが本書の大きな特徴です．

 本書の書名には，放射線の持つ明暗両面について触れていることをぜひとも強調したいと思い，本書の第1章のタイトルにもなっている「パンドラの箱」をサブタイトルに採用することにしました．「パンドラの箱」というと，科学技術の発展によって，厄災がもたらされたという負の側面ばかりに目が向いてしまうかもしれません．しかしながら，パンドラの箱の底には「希望」が残っていたという物語は非常に示唆に富むものといえましょう．放射線の光と影の両面を理解したうえで，その恩恵を利用することが大事だという著者のメ

ッセージが込められていると思います．

若干専門的な用語には訳注をつけましたので，放射線の入門書として，また放射線と人間との関わりについて認識を深める教養書として本書を読んでいただければと思います．本書がきっかけとなって，放射線や放射能あるいは放射性物質についてより踏み込んで調べてみようという方が現れることを期待しています．

なお，第7章に関しては，岐阜大学教育学部理科教育講座（地学）教授の川上紳一先生に，また，第8章に関しては元国立科学博物館人類研究部長の馬場悠男先生に専門用語や内容のチェックをしていただきました．また，丸善出版企画・編集部の熊谷 現氏には，訳出の過程で終始お世話になりました．ここに記して謝意を表します．

2014年7月

酒井 一夫

目　次

　　はじめに　1
1　放射能というパンドラの箱を開く　9
2　無限のエネルギー？　47
3　食糧と水　71
4　医学における放射線　81
5　放射線を利用した製品や装置　101
6　放射能の脅威　115
7　地球の起源と進化を探る　129
8　人類の起源と歴史を探る　159

　　参考文献　181
　　謝　辞　185
　　図の出典　187
　　索　引　189

はじめに

　あなたは放射能から逃れることはできない．

　いまあなたが手にしているこの本もわずかながら，放射能を帯びている．しかし，あわてる必要はない．この本から出ている放射線の量は，国際放射線防護委員会（ICRP）が定めている基準よりもはるかに低く，あなたの目や体に影響を与えるものではない．紙の書籍ではなく，電子書籍を読んでいたとしても問題はない．

　一方，床下から家の中に侵入してくる放射性の気体であるラドン（ラドン-222）などのように，もっと深刻なリスクもある．建材，花こう岩やコンクリート，あるいはレンガなどの建材は，かなりの量のラドンを放出していることがある．この放射性の気体は，色もにおいもなく，味もしないが，知らないうちに体内に蓄積し，健康に影響を与えるレベルに達

することがある．世界保健機関（WHO）によると，多くの国々で，ラドンが喫煙に次いで2番目に大きな肺がんの原因となっている．喫煙によって，タバコの葉に含まれるポロニウム-210や鉛-210などの放射性物質が肺にたまる．

あなたの体にも，わずかながら放射性の原子が含まれている．軟部組織ではカリウム-40，骨では鉛-210などだ．リン酸肥料で育てられた野菜などを食べると，食物に含まれている放射性物質を体内に取り込むことになる．「人は食べたものでできている」と言われる．つまり，あなたにも放射性物質が含まれていることになる．

こうしている間も，あなたの体は，太陽やはるか遠い銀河からやってくる宇宙線という微粒子や放射線に貫かれている．地球の磁場や大気が，このような宇宙線のシャワーからあなたを守ってくれてはいるが，それでも弱い二次宇宙線[*1]を受けている．宇宙線は，大気がずっと薄くなる高地では強くなる．毎秒，少なくとも1個のミュー粒子（電子と似ているが，200倍も重い粒子）が体を貫通している．放射線が音を出すとしたら，非常に騒がしいことだろう．実際に「放射線の音」を聞くには，原子物理学者や素粒子物理学者が開発した特殊な道具が必要となる．過去1世紀ほどの放射能に関する研究の歴史は，放射線や微粒子の検出器の発達に負うところが多い．それは19世紀の放射能研究の先駆者たちによって利用された写真の乾板や電流計などにはじまり，先進の微細電子回路によってコンピューターに接続された最新の半導体やシンチレーション検出器などに至る．

私たちの手に触れる物質の多くは，微量の放射能を持って

いる．しかし，ほとんどの場合，その影響は非常に小さい．

　放射能や放射線について，とくに関心を持っている科学者たちがいる．粒子とその壊変を追い求めている物理学者たちだ．粒子の壊変は非常にまれな現象なので，バックグラウンド放射線（調査・研究の対象としている放射線以外の放射線のこと）が低い場所でなければ検出することができない．世界中で「最も静かな場所」は，イタリア中央部，グランサッソ山の地下に建設されたイタリア原子核物理研究所の地下研究施設だろう．ローマからラクイラに向かう高速A24号線を迂回してトンネルに入ると，山間を抜けて，大聖堂ほどの大きさの建物が3棟ある施設に着く．それぞれの建物の長さは100 mほど，高さはおよそ20 mである．これらの施設には欧州原子核研究機構（CERN）の大型ハドロン衝突型加速器で使用されているような，最先端の素粒子検出器が詰め込まれている．1400 mの厚さの岩盤の障壁によって，宇宙線の量は100万分の1に弱められている．しかも，この山は苦灰岩（ドロマイト）とよばれる岩石でできており，ウランやトリウムなどからの放射線の量は地表に比べて何千分の1である．

　グランサッソ研究所では，たいへん挑戦的な実験を行うことができる．オペラとよばれる検出器は，732 km離れたスイス・ジュネーブの研究施設CERNにある加速器からこの山に向けて放たれた，捕まえどころがないとされるニュートリノ（質量が小さく，電気的に中性の素粒子）を検出することができる（図1）．

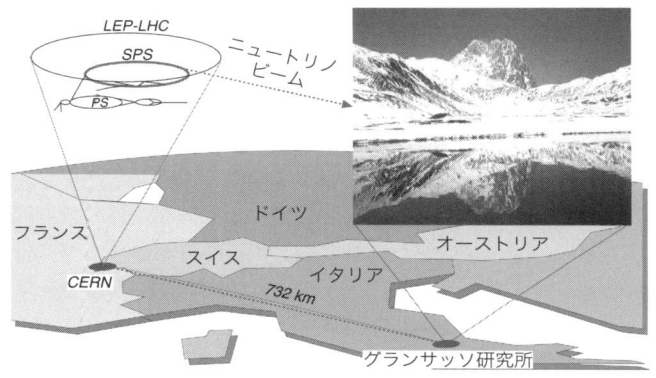

図1 スイス・ジュネーブにある CERN からイタリアのグランサッソ研究所への 732 km を，ニュートリノが飛ぶ時間を測定した装置の概念図．LEP-LHC：大型電子陽電子衝突装置 - 大型ハドロン衝突装置，PS：陽子シンクロトロン，SPS：スーパー陽子シンクロトロン．

　グランサッソにある検出器の感度を向上させるために，特別な材料が選ばれている．たとえば，ニュートリノの質量を測定するための CUORE（cryogenic underground observatory for rare events：まれな現象を観察するための地下低温観測装置）とよばれる検出器には，古代ローマ時代の鉛の塊が使われている．これらの鉛は，2000 年前にサルジニア沿岸沖で沈没した船から引き上げられた．一つが 33 kg もある鉛は，もともとは貨幣や水道管，あるいは投石機で飛ばす弾丸などをつくるためのものであった．あらたに採掘される鉛は，ウランの自然壊変系列の一部である半減期 22.3 年の鉛-210 をわずかに含むため，放射能を帯びている．これに対して，ローマの鉛は，もともと含まれていた放射能が 2000 年

の間に減衰しきっているため，研究者は，ニュートリノ由来の放射線をより高精度に検出することができる．

最近，グランサッソ研究所の検出器の一つが，地下何千kmのところにある，地球の核に含まれるウランの放射能から生じた反ニュートリノを世界ではじめて検出した．これは地球ニュートリノとよばれ，地球の内部構造に関する正確な情報をもたらしてくれる．BOREXINOとよばれる高感度のニュートリノ検出器は，世界中で稼働している435基の原子炉や，何百もの研究用あるいは放射性医薬品製造用の小型原子炉，そして原子力船や原子力潜水艦に搭載されている原子炉からのニュートリノでさえも検出することができる．

BOREXINOのような検出器は，世界のどこかで核燃料が不法な活動に使われていないかの監視役としても利用することができる．世界中の原子力発電所では，核兵器のおもな原料となるプルトニウムが毎年およそ2万kgもつくり出されている．米国のローレンス・リバモア国立研究所では，「核の番人」である国連の国際原子力機関（IAEA）が原子力の安全保障のために利用するニュートリノ検出器を開発している．

世界中の放射能を見張る別のお目付け役もいる．ウィーンにある包括的核実験禁止条約機構（CTBTO）によって開発された国際モニタリングシステムが，各国があらたな核実験を行わないように監視しているのだ．地球規模の放射線を検出するネットワークと，地震振動，水中音波，低周波振動な

図2 1946年7月,原爆実験の後でビキニ環礁の上空に見られたキノコ雲.核爆発の威力を確かめるために爆心地近くに配置された船も見える.

どの測定を駆使して核爆発の兆候を監視している.大気圏中の放射性粒子の存在をモニターしている基地は,世界中で80にものぼる.

　原子力が平和目的で利用される枠組みの中でも,地球規模の懸念が生じるおそれがある.2011年3月,世界中の人々の目は東日本で発生したマグニチュード9の地震と,それに続く津波がもたらした福島第一原子力発電所の事故にくぎづけとなった.セシウム-137やヨウ素-131を含む放射性降下物の雲が,被害を受けた原子炉から何千キロメートルも離れた場所まで運ばれるのを目の当たりにしたのだ.ウィーンにあるCTBTOのモニタリングシステムも,早い段階で原子炉

からの放射性物質の放出を確認していた．

　放射能にはさまざまな側面がある．光の部分もあれば，闇の部分もある．本書で述べるように，放射能は私たちの宇宙の，地球の，そして人類の進化を理解する役に立つ．エネルギーを生み出し，食品の安全に役立ち，健康を増進させる．大部分の病院には放射線を扱う部門があり，がんの診断や治療に役立っている．一方，放射能は人類を絶滅させる危険性も秘めている．

　本書は放射能や放射線の持つ，すばらしい，そしておそるべき力に関する短い物語である．

＊1　［訳注］宇宙からやってくる放射線を一次宇宙線とよぶ．一次宇宙線と大気中の原子の反応によって生じる放射線のことを二次宇宙線とよぶ．

第 1 章
放射能というパンドラの箱を開く

　マリー・キュリーの実験ノートを参照するときには，少々気をつける必要がある．この偉大な科学者の実験ノートはフランス国立図書館に収められているが，彼女が指を触れた部分を中心として，1 cm^2 あたり数ベクレル（Bq）の放射能で汚染されていて，ICRP が勧告している基準を超えるおそれがあるからだ．彼女は家では料理を好んで行っていたので，料理の本にも放射能が付着していたに違いない．彼女の最期の 1 年間は，国際会議に出かけるときにも，手に包帯が巻かれていたという．放射線によるやけどがひどかったからだ．マリーは研究室で大量のピッチブレンド（後述）の粉塵を口にし，吸い込んだ．そしてこのことが，1934 年，彼女の死因となった白血病をもたらしたに違いない．同じ実験室で働いていた娘のイレーヌも，過剰の放射線被ばくのため，比較的若い年齢で白血病となり亡くなった．

1897年12月,彼女は夫のピエールとともに学位論文に取りかかった.パリ高等物理化学学校の彼女の小さな実験室の環境は悲惨なものだったが,彼女は課題に熱心に取り組んだ.彼女は,アンリ・ベクレル(パリ工科大学の応用物理化学の教授)による予想外の発見をなんとしても解明したいと思っていた.その2年前のこと,ベクレルはウラン塩が事前に日光に当てなくても,黒い紙で包んだ写真乾板を黒化させることを発見していた.これは,科学者が「ウラン光線」とよんだ新しい放射線の存在を示すものであった.

　ベクレルはもともと,ドイツのビュルツブルグ大学で1895年にヴィルヘルム・コンラート・レントゲンが発見したX線のような放射線を求めて,ウラン塩などの蛍光物質の性質を研究していた.電子放電の作用について研究していたレントゲンは,減圧した放電管に電流を流すと,近くに置いた蛍光板が光ることを発見した.放電管と蛍光板の間に物を置いても,蛍光板を隣の部屋に置いても,蛍光板は光るのだった.ベクレルは,同様の不思議な光が蛍光を発する物質から自然に出ているに違いないと確信していた.19世紀後半には多くの研究者が,原始的な水銀ポンプで空気を抜いた放電管に高電圧をかけると観察される「陰極線」に関する実験に没頭した.その当時,放射線を検出する器具といえば,蛍光板や写真乾板,そして電位計しかなかった.

　1897年に英国の物理学者ジョセフ・ジョン・トムソン(J.J.トムソン)は,陰極線が負に荷電した粒子であることを示した.彼は,電磁場の中で陰極線を偏向させることによって,負の電荷の大きさと質量との比を測定した.こうして原

子よりも小さな粒子，電子が発見された．その質量は水素原子の 1837 分の 1 であった．この発見によって，彼は 1906 年のノーベル賞に輝いた．

やがて X 線が，科学者も一般の人々をも興奮させ，陰極線をしのぐことになった．ドイツ皇帝ヴィルヘルム 2 世はレントゲンを宮廷に招き，彼の「あらたな光線」をデモンストレーションさせて，プロシア勲章を授けた．レントゲンの妻，アンナ＝ベルテの手の骨の象徴的な写真は，110 年の間，数多くの教科書に掲載された（図 3）．「自分の死の姿を見てしまいました」——結婚指輪をはめた手が写った，世界で最初の X 線写真を見たときに，彼女はこの有名な驚きの声を上げた．

結局，ベクレルは探し求めていたものを見つけることはできなかった．しかし彼は，ウランが自然に放射線を出すこと（放射能）を発見していたのだった．彼の業績に続き，マリー・キュリーとピエール・キュリーの夫妻が，そのほかの天然元素の中にもこの特別な性質を持っているものがあることを明らかにした．

ベクレルと同僚たちは，放射能が電位計にたまった電荷を打ち消すことに気がついていた．電位計というのは，静電気による反発力を利用して電荷を測定する道具だ（たとえば，2 枚の金箔がその電荷に応じてたがいに遠ざかることを利用する）．古く 1785 年に，フランスの科学者シャルル＝オーギュスタン・ド・クーロンはすでに，電位計が自然に脱分極することに気づいていたが，この現象が約 1 世紀後に，ついに解明されることとなった．大地からの自然放射線がその原因

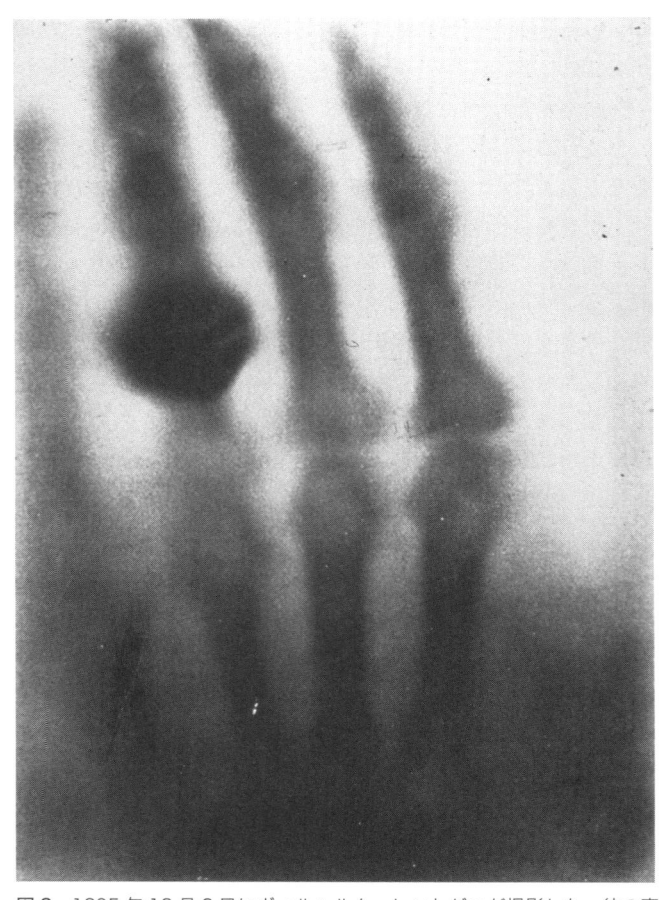

図3 1895年12月2日にヴィルヘルム・レントゲンが撮影した，彼の妻アンナ＝ベルタ・レントゲンの手のX線写真．

だったのだ(ただし,後で触れるが,自然放射線は大地だけでなく,宇宙からもやってくる).

「放射能」という言葉が最初に用いられたのは,キュリー夫妻が 1898 年 7 月に発表した「ピッチブレンドに含まれる強力な放射能を有するあらたな物質について」という論文のタイトルだった.

ピッチブレンド——ドイツ語の「pechblaende」という言葉に由来しており,「不運な岩」という意味を持つ——は,ボヘミアのザンクト＝ヨアヒムスタール(現在のチェコ共和国のヤーヒモフ)で採れた鉱物である.この地は 1789 年にベルリンの薬剤師マルティン・クラプロートがあらたな元素を単離した場所であった(ウランという名前は,当時発見されたばかりの惑星,天王星［Uranus］にちなんでいる).

ヨアヒムスタールでの採掘の歴史は,豊かな銀の鉱脈が発見された 1516 年にまでさかのぼる.当時,多くの鉱夫が奇妙な病気にかかっており,それは地下に住む悪い小人のせいとされていた.1879 年にこの病気は悪性の肺の腫瘍と診断された.しかし,米国がん学会誌に「最も可能性の高い腫瘍の原因は,ヤーヒモフ立坑の空気に含まれる,50 マッヘ単位にも達するラジウム放射能である」と掲載されたのは 1932 年になってからのことだった(マッヘ単位は,体積あたりの放射能に関する古い単位で,1 L あたり 13.45 Bq に相当する).

キュリー夫妻によって単離された新しい物質は,マリーの祖国,ポーランドに敬意を表してポロニウムとよばれること

になった(しかし,その当時ポーランドは,プロシアとロシア,そしてオーストリア帝国に分割されていて,ポーランドとしては存在していなかった).科学の歴史の中ではじめて,目に見えないあらたな元素が,自らの出す放射線のみによって確認されたのだった.ウラン-238の壊変生成物であるポロニウム-210は,ポロニウムの同位体のうちで最も豊富に存在するものである.

彼らの実験がうまくいったのは,ベクレルが使った写真乾板よりもずっと定量的な手法を採用したためだった.キュリー夫妻は,放射性物質による空気の電離を測定するのに電位計を用いた.ピエール・キュリーとその兄ジャックが1880年に発見していたピエゾ電気を利用することにより,ウラン光線の強度に比例した放射能量を鋭敏に定量することができたのだった.

放射能の単位ベクレル(Bq)は,アンリ・ベクレルの名前に由来している.1 Bqは1秒間に1回の放射性壊変に相当する.この単位は国際単位系の中で採用されている.以前はキュリー(Ci)という単位が使われていた(1 Ciは370億Bqに相当し,1gのラジウムの放射能にほぼ等しい).

1898年に発表された論文「ピッチブレンドに含まれる強力な放射能を有するあらたな物質について」の中で,キュリー夫妻はラジウム(ラテン語で光線の意)の発見を報告している.いまでは,ラジウムの主要同位体であるラジウム-226はウラン-238の壊変生成物であり,さらに壊変してラドン-

222 になることがわかっている．当初，この新元素は目に見えるほどの量は得られなかったが，その 4 年後，マリーは 1 t のピッチブレンドから 0.1 g のラジウムを抽出した．このとき以来，ラジウムは非常になじみのある元素となる．多くの人は，目に見えない光を出し，暗闇の中で青い光を発するこの物質を，食物や飲み物に添加すれば万能薬になると考えた．

キュリー夫妻は，「ベクレルによって発見された放射現象に関する，共同研究を通して得られたぐいまれな貢献」によって，1903 年にノーベル賞を受賞した．ユネスコが国際化学年と定めた 2011 年の 1 月には，エレーヌ・ランバン＝ジョリオ（マリーの孫）がスピーチを行い，フランス科学アカデミーはピエールとアンリ・ベクレルの名前だけをノーベル委員会に推薦していたと述べた．最終的には，夫ピエールの強い主張のおかげでマリーも受賞者に加えられた．

一方，放射能に関する先駆者たちがこの現象がいかに危険であるかを認識するまでに長い時間はかからなかった．ノーベル賞受賞の式典で，ピエール・キュリーは彼の発見とノーベルの発明したダイナマイトとを比較し，「ラジウムが犯罪者の手に渡れば，非常に危険なものとなり得ることも考えられる．問題は，人類が自然の秘密を知ることによって恩恵を得る用意ができているのか，それとも知識によって危険にさらされることになるのか，である」と語った．1 世紀以上経った現在でも，核物質の取り扱いについての人類の成熟度を問いかけた，彼の言葉に対する答えは出ていない．

1911 年，ピエールが事故で亡くなった 5 年後に，マリー・キュリーは 2 度目のノーベル賞を受賞した．今回は化学賞で，「ラジウムとポロニウムの発見と，ラジウムの性質およびその化合物の研究において，化学に特筆すべきたぐいまれな功績を挙げたこと」が受賞の理由であった．マリーは貴重なラジウムを第一次世界大戦の戦禍から守るために，ボルドーの銀行に預けた．キュリー夫妻が放射能の発見を報告したのと同じ 1898 年，英国のキャベンディッシュ研究所の学生研究員として働いていたニュージーランド生まれのエルンスト・ラザフォードは，別の劇的な発見をしていた．彼はウランから 2 種類の放射線が放出されていることを見つけたのだった．容易に止めることのできるアルファ線と，ずっと大きな透過力を持つベータ線である（図 4）．

　異なる放射線の透過力を調べるために，ラザフォードはウランを含む物質をさまざまな厚さのアルミニウム箔でおおい，透過してくる放射線による電流を電流計で測定した．ベクレルも，ウランからの放射線には異なる成分が含まれることを確信していたが，それぞれを区別して同定することができなかった．1899 年から 1900 年にかけてラザフォードは，電磁場の中でウランから放出されるベータ粒子の軌道を変える研究をはじめた．その軌道の変化は質量と電荷に依存しており，当時知られていた古典的物理学の基本法則に従ったものであった．これらの実験によって彼は，ベータ粒子が J.J.トムソンが発見した電子と同じ質量／電荷比を持つことを

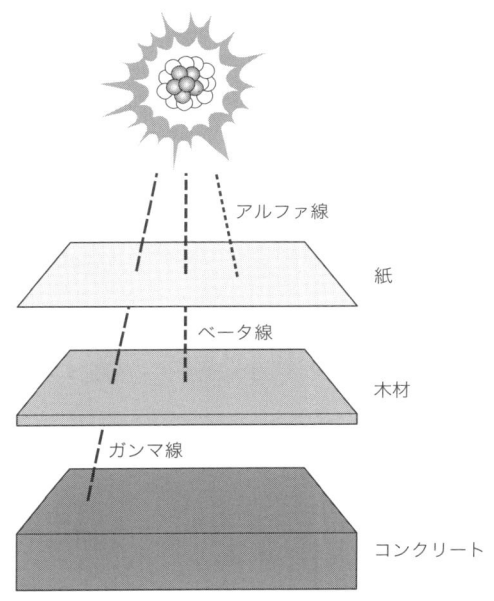

図4 アルファ線,ベータ線,ガンマ線の透過力の比較.

示した.

　1900年に,フランスの物理学者ポール・ヴィラールは,より透過力の高い放射線を発見した.のちにラザフォードはこれらがX線に似た電磁波であることと,その波長がずっと短いことを見出し,ガンマ線と名づけた.

　1908年にラザフォードは,アルファ線が,大きなエネルギーを持つ,電子をはぎ取られたヘリウム原子であることを示した.彼は,強力なアルファ線放出核種であるラジウムを非常に薄い壁の管に収め,一回り大きく,厚い壁を持った容

器の中に密封した．アルファ粒子は，薄い壁の管からは飛び出すことができるが，大きな容器の中にとらえられたまま残る．とらえられた粒子の原子スペクトルの分析により，はじめは存在していなかったヘリウムに特徴的なスペクトルのグロー放電が観察されたのだった．

同じ年に，ラザフォードは「元素の崩壊，放射性物質の化学に関する研究」の業績によってノーベル化学賞を受賞した．

マリー・キュリーは放射能が原子核の構造の変化（核転移）を伴うことを知らなかった．この発見には，ふたたびラザフォードのいっそうの研究を待たなければならなかった．

原子核

> それはあたかも，15インチ（約38 cm）の砲弾をティッシュペーパーに撃ち込んだところ，砲弾がはね返されたようなものであった．

ラザフォードは，恩師であるJ. J.トムソンが提唱した原子の構造に関するモデル「プラムプディングモデル（ブドウパンモデル）」を信じていたので，非常に薄い金箔に撃ち込んだアルファ粒子がはね返ってくるとは考えもしていなかった．このモデルは，原子は負の電荷をもつ電子で形づくられており，正の電荷は1000万分の1 mmの直径の球の中に，雲のように均一に分布しているというものだった．しかし，このモデルでは，最新の実験結果を説明できなかった．なぜなら，プディングの中には小さな電子と正電荷の雲しかない

のであれば，そこを通過するアルファ粒子の弾丸は，ほんのわずかしか軌道がずれないはずだからだ．

その発見は，1909 年にハンス・ガイガーが協力者のエルンスト・マースデンとともにマンチェスター大学で実験を行っていたときに，まったく予期せぬかたちでもたらされた．彼らの実験装置は，アルファ線源としてラドン–222 を入れた容器と，標的の金箔を封じ込めた小さな容器と，粒子検出器を備えていた．検出器は硫化亜鉛で覆ったガラス板でできていた（図5）．

数年前に，自宅の実験室で独自に研究を進めていたウィリアム・クルックスがラドンから放出される放射線が硫化亜鉛を光らせることを発見していた．この発光はたいへん美しく，スピンサリスコープと名づけた万華鏡がロンドンで売り出されたほどであった．ベータ線とガンマ線は弱く均一に光らせるのに対し，アルファ線は個別のくっきりとした閃光をもたらす．マースデンとガイガーはこの現象を実験に適用したのだった．

小さな発光を拡大するための顕微鏡が，円筒形の容器の外周を回転するようになっており，金箔から放出される粒子による閃光をさまざまな角度から検出できるようになっていた．この研究を行うには，暗い実験室の中で作業しなければならず，目が慣れて小さな飛跡を見ることができるまでに 30 分もかかるほどだった．学生や，ときには素人の女性がこの単調な作業に加わった．のちにガイガーは，放射線によってつくり出される電荷を測定するガイガー計数管を発明し

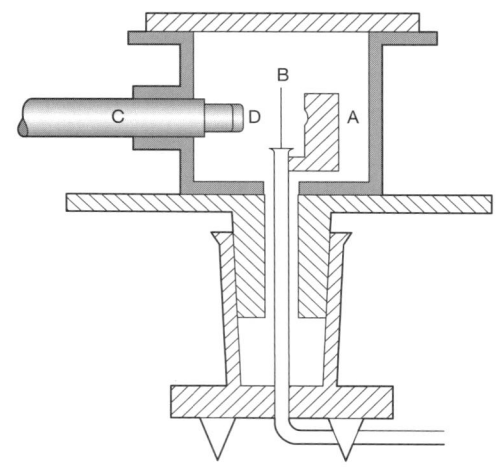

図5 ラザフォードが原子核を発見したときに使った，ガイガーとマースデンの装置．アルファ線源であるラドン-222 の容器（A）と，標的の金箔（B），そして拡大鏡（C）のついた発光物質（硫化亜鉛）（D）などからなる．

たが，これによって実験は大幅に楽なものとなった．

　ラザフォードの助言もあって，マースデンはアルファ粒子が大きな角度ではじき飛ばされる可能性を調べていた．暗い実験室で数日観察を続けた後，彼はいくつかの粒子が1回の衝突で90度以上の角度ではじき飛ばされることがあるという，驚くべき事実を報告することとなった．このように大きなはね返りは，金原子の中の正電荷が，原子の大きさの球の中で均一に分布しているのではなく，小さな球の中に，アルファ粒子よりも大きな質量として集中していると考えなければ説明ができなかった．これより前に共同研究者のJ. J. トム

ソンによって行われたベータ線を用いた実験は，プラムプディングモデルを支持するものであった．最終的なはね返りの角度は，物質中での複数回の散乱の結果であると解釈されていた．

1911年にラザフォードはあらたな原子モデルを提唱する．これは原子核物理のはじまりを高らかに宣言するものであった．このモデルでは，原子の中心にはその大きさの1万分の1よりも小さな直径の「核」がある．金の場合には14 fm（フェムトメートル，1 fm = 10^{-15} m）となる．「核」という言葉は使っていないが，彼は次のように言っている．「原子には1点に集中した中心電荷がある．これよりもずっと軽い電子が，その外側の体積に分布している」．つまり，アルファ粒子は原子核の間の何もない空間を，軌道を乱されることなく直進することができる．そして，アルファ粒子が中心の核の領域に近づいたときにだけ大きく軌道がそらされる，というのだ．4年後にニールス・ボーアがラザフォードのモデルに，電子の軌道の量子化というあらたな特徴を付け加えた．これは，粒子を特定の軌道に閉じ込めるものである．原子の安定性を説明するうえでは，この仮定が必要であった．じつは，これが量子物理学の幕開けを特徴づけるパラダイムシフトの一つであった．

次のステップは，原子核の構造を理解することと，核変換を理解することであった．

原子核変換

> 現在の私たちの知識をもってすれば,ある元素を別の元素に変換し,鉛を金に変えようとした錬金術師たちの試みが,勝ち目のないことだったのがよく理解できる.彼らの用いることができた手段では,原子の本質的な部分,すなわち原子核には手が出せなかったからだ.

これは,1936年12月10日のノーベル賞授与式での,スウェーデン王立科学アカデミーのノーベル物理学賞委員会の主査であるヘニング・プレイジェル教授のスピーチの冒頭の部分である.その後,グスタフ・アドルファス国王からエンリコ・フェルミにノーベル賞が授与された.

紀元前7世紀に活躍した古代ギリシャの哲学者,ミレトスのターレスは,知られている限りで最初に物質の構造とふるまいについて,神を持ち出すことなく説明しようとした最初の哲学者であった.同様の考えを巡らせた哲学者はほかにもいた.紀元前5世紀のレウキッポスやデモクリトスなどである.デモクリトスは「この世には原子と空っぽの空間しかない」という有名な言葉とともに人々の記憶にとどめられている.紀元前4世紀のアリストテレスの時代までには,ギリシャの哲学者たちは,物質は四つの元素の組合せでできているとの結論に達していた.土,水,火そして空気である.これらの元素は,寒さや熱などの環境の状態によってたがいに変化することができた.これこそが錬金術の考え方である.錬金術は,ローマ帝国の時代に中断はあったものの,まずギリシャの,次いでアラビアの哲学者によって発展をみた.

ある物質から別の物質への転換はギリシャ語で「キメイア（khymeia）」とよばれていた．また，これに関する技術は冠詞をつけて「アル・キメイア」とよばれた（後にラテン語で「アルヘミア」とよばれた．これらが後に，アルケミー（alchemy），すなわち錬金術とよばれるようになった）．アル・キメイアの活動的な施術者として，ペルシア人で8世紀から9世紀のはじめにかけて活躍したジャビル・イブンハヤーンがいる．ゲーベルの名でも知られるジャビルの理論では，すべての金属は水銀と硫黄でできていると考えられていた．

　錬金術の考え方は，13世紀のヨーロッパの学者の間でふたたび一般的になった．その当時，アラビア語の書物を理解できるのは，聖職者にほぼ限られていた．オックスフォード出身でフランシスコ修道会の司祭であったロジャー・ベーコンは，その時代で最も知られている錬金術師の一人である．教会の支援を受けたこの錬金術師はたいへんに活動的な実験者であり，物質のふるまいについて深く探求したが，一方で，ありふれた物質から金をつくり出そうともしていた．これに続く何世紀かの間，錬金術師たちは活動を続けた．物質や宇宙について理解しようとする真剣な自然哲学者もいたが，「賢者の石」や不老長寿の秘薬を約束するペテン師もいた．よく知られる錬金術師にフィリッポス・アウレオルス・パラケルスス（1493〜1541）がいる．彼は，ある種の鉱物などを医学に適用した先駆者でもあった．

アイルランド出身のロバート・ボイル（1627～91）は，錬金術の発展において鍵となる役割を果たした．彼は錬金術を魔術的な操作と切り離そうとしたのだ．彼はこの新しい考え方を，アラビア語的な冠詞を省いて「化学（chemistry）」という言葉でよんだ．ボイルは元素をそれ以上簡単な物質に分離できない物質と定義し，物質を構成する元素を特定する際に現実的な方法論を提案した．近代科学の考え方をよりいっそう身につけはじめていた新進の自然哲学者たちは，土や水，空気や火がボイルの定義でいう元素ではないことを示すことができた．すぐに，彼らは地球が何十もの基本的な元素でできていることを示して見せたのだ．18世紀の間にフランスの貴族であったアントワーヌ・ラボアジェは空気が酸素と窒素の混合物であることを示した．ラボアジェはまた，水が水素と酸素からなることを確信していたが，これを実証する前に，フランス革命の中，ギロチンにかけられてしまった．

　1803年，英国の科学者ジョン・ドルトンは，原子とは物質の基本的な構成要素で，それぞれの元素は異なる原子によって特徴づけられるとの考えを提唱した．ここに，ギリシャの哲学者たちが思索のみによってつくり出した原子という概念が，2300年以上も経ってから，物質の基本的構成要素としてふたたび登場したのだった．ドルトンは，原子のふるまいと特性を明らかにするような実験を開発し，さらに先に進もうとした．

　次の段階は元素ごとに，原子に序列を与えることであった．これは1869年にロシアの科学者ドミトリ・メンデレー

エフによって成しとげられた．彼は当時知られていたすべての元素を，その特性に応じて並べ，有名な周期表としてまとめたのだった（図6）．

20世紀のはじまりとともに放射能が発見され，原子とその構成要素，そして原子が変換し得るということが明らかになった．

モントリオールにあるマクギル大学に設置されているプレートには，次のように記されている．

> この地において1901年から1903年にかけて，アーネスト・ラザフォードとフレデリック・ソディは，放射能を，原子核からの粒子の放出であると正しく解釈し，元素の自発的核変換の法則を確立した．

ソディはオックスフォード大学の化学専攻を卒業し，モントリオールに赴いた．彼は1921年に「放射性物質の化学に関する知識への貢献と，同位元素の性質と起源に関する研究」に対してノーベル賞を受けることとなる．ソディによれば，同位体とは「核外の電子は同一で，原子核の正味の正電荷も同一であるが，その核の質量が異なる元素」と定義される．11年後に，異なる同位体は同数の陽子を持つが中性子の数が異なることが明らかとなった．

放射能の発見以来積み重ねられた事実を検討して，ラザフォードとソディが到達した結論は次のようなものであった．放射性元素の原子は，私たちの周囲にある通常の物質とは異なって不安定であり，アルファ粒子あるいはベータ粒子を原

第1章 放射能というパンドラの箱を開く　25

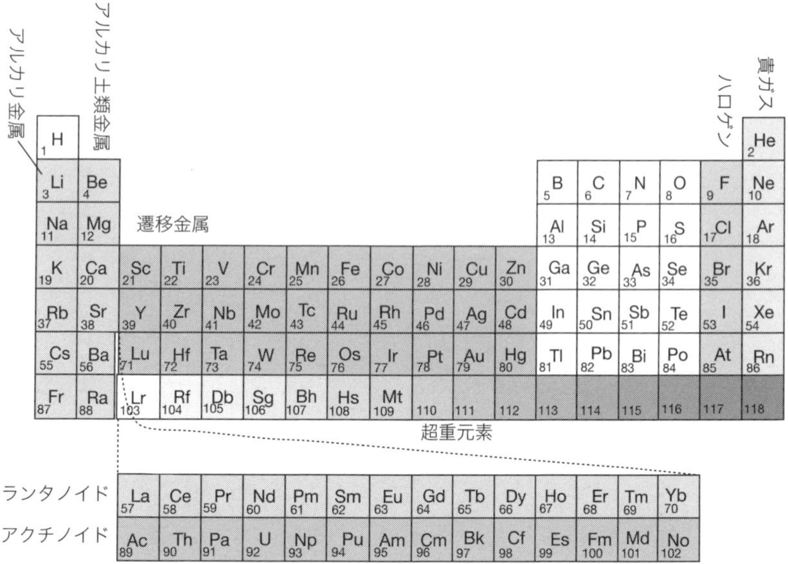

図6 元素の周期表．最初のものはメンデレーエフにより1869年に作成された．

子核から放出して壊変する．そして，放射性壊変の後に残されたあらたな原子は，もとの原子とは別のものであり，物理学的にも，化学的にも異なる性質を持つ．

たとえば，質量数238のウランの不安定な核種は壊変してアルファ線（質量数4のヘリウム原子核）を放出し，より軽い異なる元素，原子量234のトリウムを残す．これはさらに壊変し，ベータ粒子を放出して同じ質量数のプロトアクチニウムができる．一連の放射性壊変の結果，もとのウラン原子は最終的に安定な鉛の原子となる（図7）．

このような変換によって生じた原子核は高エネルギーの励起状態にあることもあり，そのエネルギーはガンマ線として放出される．

二人の科学者はまた，放射性壊変に関する一般的法則を発見した．

$$N(t) = N_0 e^{-\lambda t}$$

ここで，時間 t における放射性核種の数 $N(t)$ が，時刻 0 （$t = 0$）のときの放射性核種の数 N_0 と，特徴的な壊変定数 λ との関係で与えられている．

この法則は放射能が確率的な過程の結果であると考えれば説明できる．時刻 t における放射性核種の集まり $N(t)$ を考え，それぞれの放射性核種はある一定の確率（単位時間あたりの壊変の確率）λ で壊変するとすれば，微小な時間 dt の間に壊変する放射性核種の数 dN は次の式で与えられる．

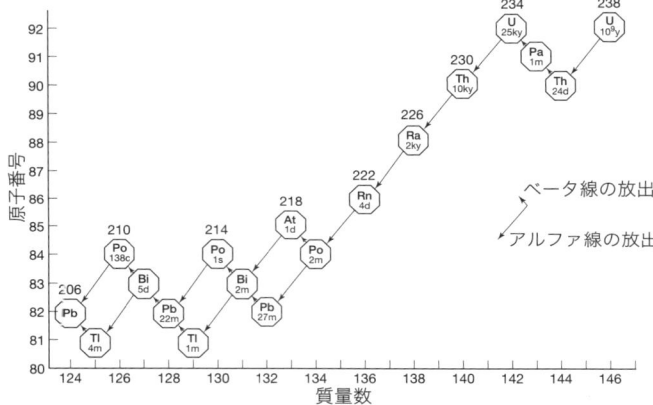

図7 ウラン-238の壊変系列.
Tl：タリウム，Pb：鉛，Bi：ビスマス，Po：ポロニウム，At：アスタチン，Rh：ラドン，Ra：ラジウム，Th：トリウム，Pa：プロトアクチニウム，U：ウラン

$$dN = -\lambda N(t)dt$$

この方程式を積分すれば，ラザフォードとソディが実験的に見出した指数関数的な壊変法則が得られる（図8）.

壊変定数 λ は半減期 $T_{1/2}$ とは次の式で関連づけられる.

$$T_{1/2} = \frac{\ln 2}{\lambda}$$

ここまでは，自然由来の不安定な物質の核変換について話を進めてきた．1919年に世界ではじめて人工的な元素の変換を示したのは，またしてもラザフォードであった．安定な元素である窒素を酸素に変換してみせたのだった．ここに，ついに，錬金術師の夢が実現したのだ．この変換は窒素にラ

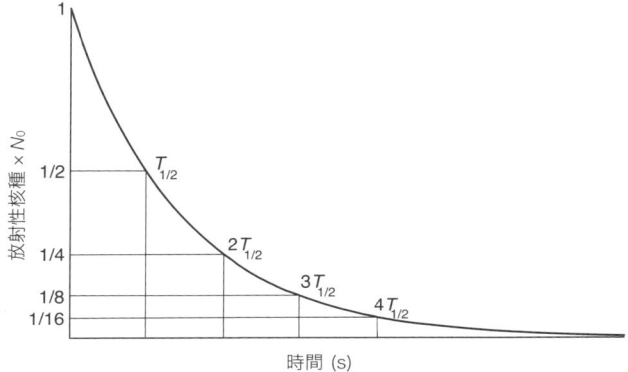

図8 放射性壊変の法則.1902年にラザフォードとソディによって定式化された.

ジウムからの高エネルギーのアルファ線を衝突させることによって達成された.彼はアルファ粒子がときたま原子核にとらえられ,高速の陽子が飛び出すことに気づいた.後には酸素-17の原子核が残されていた.ラザフォードによってつくられた重い酸素原子は,自然界ではわずかにしか存在していない(0.003 73%).大気中で確認されたのは1929年のことであった.

ラザフォードが行った原子核反応は次の式で表すことができる.

$$_2^4\mathrm{He}_2 + {}_7^{14}\mathrm{N}_7 \rightarrow {}_8^{17}\mathrm{O}_9 + {}_1^1\mathrm{H}_0$$

式中の元素記号の左上の数字は原子核中の中性の粒子である中性子の数と原子核中の陽子の数の合計(質量数),左下

の数字は陽子の数（原子番号），右下の数字は中性子の数を表す．後に述べるが，中性子はラザフォードの核変換の実験の数年後に発見されることになる．

同じく1919年，ジャン・ペランは，水素がより重い元素に転換する核反応が，太陽や星のエネルギーのもとではないかと提唱した．この考えに続いて核変換が宇宙における物質の進化の基本的なしくみであることが示されたのは数十年の後であった．

最初の原子核反応実験以降，多くの研究がなされていった．その中の一つに，イレーヌ・キュリーと彼女の夫，フレデリック・ジョリオの研究室で起こったものも含まれる．1934年に二人は，ホウ素にポロニウム線源からのアルファ粒子をぶつけると，陽電子e^+と中性子nが生じることに気づいたのだ．

陽電子は電子の反粒子で，同じ年にカリフォルニア工科大学のカール・アンダーソンによって発見された．中性子は電気的に中性の粒子で，陽子と同じ質量をもち，数か月前に英国の物理学者ジェームス・チャドウィックによって発見された．チャドウィックはジョリオ＝キュリー夫妻が行った，アルファ線をベリリウムにぶつける実験結果の分析を行う中で，中性子を発見した．ジョリオ＝キュリー夫妻は，透過してくる粒子を，中性子ではなく，高エネルギーのガンマ線であると誤って解釈していた．

ベルリンの物理学者ヴァルター・ボーテはこれらの実験

を，ポロニウムからのアルファ線を用いて慎重にくり返し，ボーテとジョリオ＝キュリー夫妻の反応は

$$^4_2\text{He}_2 + {}^9_4\text{Be}_5 \rightarrow {}^{12}_{6}\text{C}_6 + {}^1_0\text{n}_1$$

であると結論した．

　ジョリオ＝キュリー夫妻は，ホウ素のアルファ粒子をぶつけたときに，次の二つの反応が同時に起こっていることを確認した．

$$^4_2\text{He}_2 + {}^{10}_{5}\text{B}_5 \rightarrow {}^{13}_{7}\text{N}_6 + {}^1_0\text{n}_1$$
$$^{13}_{7}\text{N}_6 \rightarrow {}^{13}_{6}\text{C}_7 + \text{e}^+$$

この実験結果は驚異的な発見だった．中性子と陽電子を放出するというあらたなかたちの放射能が見出されたのだ．

人工放射能

　ジョリオ＝キュリー夫妻は陽電子の放出が，放射性のポロニウム線源を取り除いても続いていることに気づいた．アルファ粒子とホウ素の反応が，自然界には存在しない，窒素-13 をつくり出していたのだった．彼らは，半減期 9.97 分で陽電子を放出して炭素-13 に壊変するあらたな窒素を放射性窒素と名づけた．これが人工放射能の発見であった．同じ手法を用いて，ジョリオ＝キュリー夫妻はアルミニウムとマグネシウムにアルファ粒子を衝突させ，リンの放射性同位元素（リン-30：半減期 2.50 分）とケイ素（ケイ素-27：半減期 4.16 秒）をそれぞれつくり出した．これらの事例では，放射性物質は，アルファ粒子の標的となった物質の大部分を占め

る，変化していない物質から化学的に分離された．

　彼らはその業績を 1934 年に「ネイチャー」誌に発表し，1935 年 12 月にノーベル賞を受賞した．「人工放射性元素の発見」がその受賞理由であった．同じ論文で彼らは陽子，重陽子（原子番号 1，質量数 2 の核種．重水素の原子核）や中性子などほかの粒子を衝突させることによって，これらの，あるいはほかの放射性物質をつくり得ることを示唆した．

　実際，ジョリオ＝キュリー夫妻が天然の放射性物質からのアルファ線を用いて実験をしていた頃，バークレーのサイクロトロン研究所では，アーネスト・ローレンスとスタンレー・リビングストンをはじめとする米国の物理学者たちが同様の実験を高エネルギーの重陽子を用いた実験で，人工的な放射能の発生を確認していた．さまざまな放射線源や，あらたに開発された加速器を用いた同様の実験が，この時期に多くの研究室で独立して展開していたのだ．

　高エネルギーの荷電粒子のビームをつくる加速器の原理にはいくつかのタイプがある．まず，真空管の大きな電位差の中でイオンを加速するという原理だ．キャベンディッシュ研究所に設置されたコッククロフト＝ウォルトン型の加速器は，数十万 V の電位差を実現することができた．これに対して，プリンストン大学に設置されたバンデグラーフ型加速器では，動くベルトを使って高電圧を蓄積するしくみで，100 万 V を超える電圧をつくり出した．二つ目のタイプの加速器では，電磁場の波にそってイオンが加速される．三つ目のタイプでは電場の共鳴を利用して，何段階もの加速を達成

する．当時バークレーには，巨大な電磁石を利用した最も進んだ加速器があり，この加速器を使えば，重陽子を数百万eV（電子ボルト）のエネルギーにまで加速することができた．

驚異的な一連の研究がローマの有名な物理研究室，「ラガッツィ・ディ・ヴィア・パニスペルナ」で進んでいた（この建物は，現在もイタリア内務省の建物の一部として使用されている）．そこではエンリコ・フェルミら「若き研究者たち」が，ベリリウム箔の上にポロニウムの薄い膜をつくり，31ページで述べた反応によって中性子線源をつくるための研究を進めていた．

$$^4_2\text{He}_2 + {}^9_4\text{Be}_5 \rightarrow {}^{12}_6\text{C}_6 + {}^1_0\text{n}_1$$

1934年1月，フェルミ（その当時，グループの中では権威を尊重して「教皇」とよばれていた）は人工放射能をつくるために中性子を用いていた．中性子の量はアルファ線よりもずっと少ないが，その反応断面積はアルファ線よりも非常に大きい（反応断面積というのは，核反応が起こる確率を示す指標で，バーンという単位で表される［1バーン＝ 10^{-28} m^2］）．しかし，なかなか成果を観察できずにいた．フェルミはポロニウム – ベリリウムの線源をより強力な，ガラス管にラドンとベリリウム粉末を封入したラドン – ベリリウム線源に置き換えた．その結果，ついに，いくつかの放射性物質をつくり出すことができたのだった．

科学者たちは照射する標的の原子番号を大きくして，トリ

ウムやウランを照射すれば，さらに原子番号が大きいあらたな超ウラン元素をつくり出せると信じていた．実際，あらたな元素（元素93とよばれていた）を製造したと確信したフェルミらは，1934年の夏，休暇に入った．彼らは，自分たちが核分裂（ウラン原子核が小さな原子核に分裂し，粒子とエネルギーを放出する現象）を引き起こしていたことに気づいていなかったのだ――じつは，核分裂の可能性については，ドイツのイダ・ノダック（何回もノーベル賞にノミネートされた，傑出した物理学者・化学者）から注意喚起されていたのだが．

フェルミは1938年にノーベル賞を受賞した．「中性子照射によって製造される新放射性元素の存在の検証と関連した遅い中性子線によって引き起こされる核反応の発見」が受賞理由であった．

同じ年の12月に，ドイツの科学者リーゼ・マイトナーと甥のオットー・ロバート・フリッシュは，ウラン原子核が中性子を吸収した後で，二つの軽い破片に分裂するのではないかと考えた．このような分裂が起こるとしたら，ベルリンのオットー・ハーンとフリッツ・シュトラスマンが発見したばかりの，中性子とウランの反応でバリウムの同位体が生じるという現象が説明できるのだった．マイトナーとフリッシュは，ウランが中性子をとらえることによって，大きな「複合核」ができ，複合核の中の中性子と陽子は飛び込んだ中性子のエネルギーで励起状態となると考えた．複合核の考え方は，コペンハーゲンでフリッシュが一緒に研究していたボー

アが導入したばかりの考え方だった．そして，その複合核は変形し，水滴のように二つの断片に「分裂」するのだ．ハーンは1944年にノーベル化学賞を受賞した．受賞理由は「重い原子核の分裂の発見」であった．ボーアはマイトナーとフリッシュを1946年のノーベル賞に推薦したが，実現しなかった．

マイトナーたちは研究成果を1939年に「ネイチャー」誌に発表した．同じ年にジョリオらは「ネイチャー」誌で「最近の実験では，遅い中性子をウランの原子核に衝突させることによって，ウランの核分裂の過程で中性子が解放されていることが示された」と述べている．この反応は，連鎖反応が起こるうえで必要なものだった．1939年は，ヒトラーがポーランドに侵攻して，第二次世界大戦がはじまった年でもあった．紛争に関わる両陣営の科学者の頭に，ヒトラーが大量破壊兵器を手に入れる可能性がよぎった．

ストックホルムでノーベル賞を受賞した後，フェルミは米国に移り，原子炉の建設の仕事に着手した．これは，最初の原爆の製造を目指して1942年に開始されたマンハッタン計画の中でも重要な活動と位置づけられていた．

原子力というパンドラの箱は，このときに完全に開け放たれた．多様な放射性核種がつくり出され，環境中にもともと存在していた放射線源に追加されることとなった．

放射能に満ちた環境

自然界にもともと存在する放射性核種のおもなものはウラ

ン–235，ウラン–238，トリウム–232 およびこれらの壊変生成核種とカリウム–40 である．ウラン，トリウム，そしてカリウムの地殻における平均存在量は，それぞれ 2.6 ppm, 10 ppm, そして 1% である．

　ウランとトリウムは，中性子とアルファ粒子によって引き起こされる反応を介して，別の放射性核種を生み出す．とくに，ウランとトリウムが高濃度で存在する地下深くではこの反応が起こりやすい．これらの反応でできるベリリウム–10，炭素–14，塩素–36，アルミニウム–26 などの長寿命核種は，ウラン鉱石やピッチブレンドの中に見出される．後の章で詳しく議論するが，ウラン–238 の自発核分裂や中性子によるウラン–235 の核分裂によって生じるヨウ素–129 も同様にウラン鉱石の中で生じ，超高感度の原子計測法を使えば検出できる．

　弱い自然放射能は，大気圏における一次宇宙線との核反応と岩石圏における二次宇宙線による核反応によって生じる．それらは炭素–14，ベリリウム–10 やそのほかの長寿命元素で，地質年代の測定に用いられている（地質年代の測定については，3 章，7 章および 8 章で触れる）．地球外物質の蓄積や宇宙における宇宙線の被ばくは，地球環境における放射性核種の全体の収支の中では寄与は大きくない．

　大気圏内核実験や地下核実験はさまざまな放射性核種を環境中にもたらした．短寿命の核種はすでに壊変しきっているが，炭素–14 やプルトニウム–239 など寿命の長い放射性核種

はいまだに残っている.

　原子炉の稼働や廃炉,原子燃料再処理,あるいは放射性廃棄物処分などの原子力関連の活動は,いずれも環境に放射能をもたらす原因となる.

　原子炉の事故が環境中に放射能をもたらすこともある.1986年に起こったチェルノブイリ原子力発電所事故は,原子力史上最悪の事故であった.大量の放射性核種が北半球全体にまき散らされた.燃えさかる原子炉から生じた雲は,核分裂生成物,とくにヨウ素-131(半減期8日)とセシウム-137(半減期30.1年)をヨーロッパの広い地域にもたらした.セシウム-137はいまでも土壌やある種の食材で検出される.ウクライナ,ベラルーシ,そしてロシアの3か国では500万人以上の人々が,セシウム-137の放射能が1 m^2 あたり3万7000 Bqを超える地域にいまも住んでいる.イタリア北西部では,1986年5月の大量の雨によってセシウム-137などの放射性核種が地上にもたらされ,キノコや野生のイチゴ類,そして獣肉からはいまだにセシウム-137が検出される.

　最近また,原子炉が極端な環境的事象,あるいは地質学的な事象に襲われ,メルトダウンに至るという懸念が現実のものとなってしまった.2011年3月,東京から200 km離れた福島第一原子力発電所では,巨大な地震と,それに続く津波によって大量の放射性物質が環境中にまき散らされた.福島県産の野菜中のセシウム-137は,1 kgあたり8万Bqを超

えた．これは当時の食品基準の160倍であった．東京の水道水からは，当時の基準の2倍となる，1 L あたり 200 Bq のヨウ素-131 が検出された．

　放射能の発見以来，放射性核種の量はますます増加し，さまざまな分野で利用されるようになった．放射線・放射能は，エネルギー，医療，産業，そして農業の分野で利用され，社会経済学的にたいへん重要になってきている．このため，安全性確保のための厳格なしくみが求められている．

　国際社会では，IAEA が設定するガイドラインに従いつつ，放射性物質の物理的保護と管理システムの改善に多大な投資が行われている．中性子やガンマ線の検出器が多くの境界管理地点に設置されている．中性子が検出されれば，ウランなどの核関連物質が存在することになる．多くの関心のある放射性核種は比較的高いエネルギーのガンマ線を出し，容器を突き抜けるので容易に検出できる．しかし，リン-32，ストロンチウム-90，イットリウム-90 などベータ線のみを放出する核種は輸送の間，容易に隠蔽することができる．放射性物質が発見された場合には，放射能に関する科学捜査の専門家が動員されて，その出どころを明らかにする手がかりを探すことになる．

　人類と環境の放射能からの防護は，ベクレルやキュリーの時代に比べるとおおいに改善されてきている．1920 年代に，多くの国々で放射線防護の指示が出された．1928 年には，ストックホルムで設立されたばかりの ICRP が放射線防護に関する最初の勧告「表層組織の障害と内部臓器の異常と血液

の変化を防止するための勧告」を発表した．しかし，防護政策の発展の中で，蓄積性の長期にわたる遺伝子への影響が考慮されるようになるのは何年も後のことであった．

いまでは，原子力事故や平和的ではない目的での放射線の使用を通じて，放射線が人間やそのほかの生物に及ぼす影響について，膨大な量の情報が蓄積されている．

身体への影響

放射線は体の組織の中に侵入し，放射線の種類に応じたしくみによって，その原子や分子と相互作用する．X線が人体に影響を及ぼすことはその発見直後から知られていた．X線によるやけどの最初の報告は1896年に英国医学雑誌に発表された．放射能の影響もその発見の直後から知られており，19世紀の終わりまでに科学専門誌に報告されている．

陽子，ベータ粒子やアルファ粒子，あるいはこれよりも重い粒子のような荷電した粒子が人間の組織に当たると，電磁気力を介して組織を構成するその原子と相互作用して，局所的にエネルギーを与える．この結果として原子から電子がはじき出されると，電子とイオンの対が飛跡にそって残される．粒子が物質中を動くときに飛跡にそってイオンが失うエネルギーは，電荷の2乗およびそのエネルギーに比例することが，1930年にハンス・ベーテによって示された．

ここで議論している粒子のエネルギーは100万eV（メガエレクトロンボルト，MeV）の単位で測られることが多い．これは，電子が100万Vの電圧で加速されたときに得るエ

ネルギーのことである．1 MeV のエネルギーの電子の速度は光速の 94% にも達する．同じエネルギーのアルファ粒子やこれよりも重い粒子の速度はもっと遅い．

たとえば，アメリシウム-241 からのアルファ粒子（5.5 MeV）はあなたの体の組織に侵入して，数万もの電子-イオン対をつくり出す．これらのアルファ粒子は，もし皮膚に直接当たったとしても，外部の層（表皮）で止まる．貫通する深さは 50 μm よりも短い．

電子-イオン対の生成は電位計や電離箱に利用され，放射能の発見以来放射線の検出器として利用されてきた．空気中で 1 対の電子-イオン対をつくるには 35 eV のエネルギーを要するため，5 MeV のアルファ粒子は静止するまでに，およそ 14 万の電子-イオン対をつくる．半導体のような別の物質では電子-正孔の対をつくるのに必要なエネルギーは 2〜3 eV であり，より多くの自由電子が生じ，エネルギーの低い放射線でも測定可能な電子信号が発生するので，非常に効率のよい放射線検出器となる．

高エネルギーの X 線やガンマ線の光子は体の奥深くにまで貫通する．これらは，原子との相互作用でエネルギーが失われるときに原子の電子をはじき飛ばすことがある．その結果生じる正のイオンと電子はさらに，原子の電場と相互作用して，そのエネルギーを局所的に解放する．光子のエネルギーが 1.02 MeV よりも高いときには，原子核の場はガンマ線を 2 個の質量を持った粒子に変換させる．その一つである電

子は電離過程を経て停止し，もう一つである陽電子は消滅して，2本のガンマ線を反対方向に放出する．

　中性子も体の深くに侵入し，核力を介した原子核相互作用によって，エネルギーを与えることがある．電磁気的な力とは異なり，核力は非常に短い距離でないと作用しないが，その力はずっと強力である（このため「強い力」ともよばれている）．中性子が体の中に豊富にある水素原子にぶつかると，とくに影響が大きく，中性子から標的の陽子に多くのエネルギーが与えられる．この結果として生じるエネルギーを持った陽子は，ほかの荷電粒子と同様に，その飛跡にそってエネルギーを解放しながら減速する．中性子はまた，その運動エネルギーに応じて体を構成する元素と異なる核反応を起こす場合がある．たとえば，遅い中性子は水素原子核と結合して重水素をつくり，ガンマ線を放出することがある．

　放射線は染色体を壊し，DNAを破壊して細胞に損傷を引き起こすことがある（図9）．ガンマ線と中性子線は皮膚を貫通して内部の臓器に到達する．このような放射線を放出する放射性物質は，離れていても危険である．アルファ粒子を放出する放射線源は，体内に取り込んだ場合にのみ深刻な健康影響を与える．旧ソ連の国家保安委員会（KGB）の工作員であったアレキサンダー・リトヴィネンコは，2006年にロンドンの寿司屋で食事に混入された，1 mgのポロニウム-210（半減期138日）によって暗殺された．この放射性核種はアルファ粒子のみを放出するので，国境を越えて持ち込む際に放射線計測器から隠すことが容易であった．

(a) 電離・励起密度の高い放射線 (b) 電離・励起密度の低い放射線

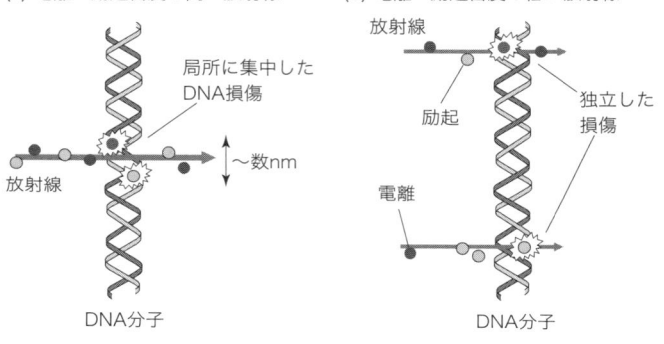

図9 電離や励起を引き起こす密度が高い放射線(a)とその密度が低い放射線(b)によるDNA損傷の比較．いずれの場合も八つの電離・励起につき，二つの損傷が生じるとしたときの比較．

　あなたの体には，炭素-14などの天然の放射能が含まれている．炭素-14はベータ粒子を放出し，この原子核の近くの細胞に障害を与え得る．あなたが持つ炭素-14の放射能は1gあたり1分間に13.6壊変であり，体重が70 kgだとすると3700ベクレルに相当する．人体に含まれるそのほかの放射性核種はカリウム-40（4000 Bq），ウラン（2 Bq），ポロニウム-210（40 Bq），ラジウム-226（1.1 Bq），トリウム（0.21 Bq，そしてトリチウム（23 Bq）である．

　電離放射線があなたの体の組織や臓器に与えるエネルギーは，「吸収線量」として定義され，単位はグレイ（Gy）であ

る．1 Gy の放射線量は，組織 1 kg あたり 1 J のエネルギー吸収に相当する．同じエネルギーであっても，引き起こされる生物学的な障害の程度は放射線の種類によって異なる．シーベルト（Sv）で表される等価線量[*1]は，線量と放射線の種類に応じた係数 w の積で表される．X 線，ガンマ線，そしてベータ粒子の場合には $w=1$ であり，1 Gy は 1 Sv に相当する．中性子の場合には係数 w は中性子のエネルギーに応じて 5〜20 であり，1 Gy は 5〜20 Sv に対応する．陽子とアルファ線では w はそれぞれ 2 と 20 である．このほかに，組織や臓器ごとの放射線感受性を考慮した加重係数があり，いわゆる実効線量[*2]を評価するために用いられる．

1 Sv の線量を受けても，とくに具合が悪くなることはないかもしれないが，全身に 2 Sv を受けると吐き気を感じ，頭髪が抜けることがあるかもしれない．2 Sv を超えると死に至ることもあり，3 Sv ではあなたが死に至る確率はおよそ 50% である．1 Sv よりも低い線量では，ただちに体への影響は現れないが，長期的に細胞の増殖を制御する遺伝子に影響をもたらして，がんになる確率が増加する．

あなたが自然放射線から受ける線量は 1 年間で平均しておよそ 2400 µSv（1 µSv = 100 万分の 1 Sv）である．ラドンから 1260 µSv，そのほかの環境放射線から 480 µSv，そして食品から 290 µSv である．通常の X 線撮影は 100 µSv に相当する．歯科の X 線検査で受ける線量は 10 µSv で，X 線マンモグラフィではもっと高い線量を受ける（1000〜2000 µSv）．CT スキャンでは 3000〜4000 µSv である．

もしもあなたが1日に20本のタバコを吸うとしたら，タバコに含まれる放射能によって毎日200〜400 μSvの線量を受けることになる．バナナを1本食べると0.1 μSvが追加される．ベッドの中でも安全ではない．もしも寄り添って寝る人がいれば，一晩に0.05 μSvを受けることになる．ローマとシドニーの間を飛行機で往復すると，500 μSvを受けることになる．読書による線量は1時間あたりおよそ0.01 μSvである．これは主としてカリウム-40からのものだが，自然の放射線の線量率（1時間あたり0.1〜0.4 μSv）よりもずっと低い．

　もしあなたが職業上放射線を受けるのであれば，ICRPは1年あたり20 mSv（1 mSvは1 Svの1000分の1）という線量限度を勧告している．一般公衆に対する年間の線量限度は1 mSvである．これらの数字は自然放射線を超えた分の全身に対する数字であり，医療被ばくは含まない．これらの線量限度はICRPが1934年に勧告した放射線作業者の耐容線量（職業被ばくに対して500 mSv）よりもずっと低い．ちなみに一般公衆の線量限度が導入されたのは1949年のことであった．

　職業上被ばくする作業者は，外部の放射線源による線量については非常に効率的に測定することができる．最も一般的な個人線量計は，フッ化リチウムの結晶を用いた熱ルミネセンス線量計とよばれるものである．放射線は，結晶の中のいくつかの電子のエネルギー準位をより高いレベルに引き上げる．特定の不純物を添加しておくと，電子は「トラップ」と

よばれるエネルギーレベルにとどまる．この結晶を加熱すると電子は発光しながらもとのエネルギー準位に戻るため，その光を光電管で測定することによって放射線の量を測ることができる．このような線量計では，ガンマ線，中性子，ベータ粒子を測ることができる．線量をただちに知るためには，シリコン半導体を用いた個人線量計が有用だ．この原理は，放射線によって電子孔の対が生じることを利用している．また，これらの検出器は，空気の電離に基づいた旧式の測定器に取って代わろうとしている．そして，体内の汚染も，ホールボディカウンターや体の特定の部分を測定する計測器を用いることによって確認することができる．

---

* 1 ［訳注］放射線の影響（障害）が，放射線の種類とエネルギーによって異なることを反映させた線量のこと．等価線量が同じであれば，放射線の種類に関わらず同程度の影響を受ける．
* 2 ［訳注］放射線の影響（障害）が，放射線を受ける体の組織や臓器によって異なることを反映させた線量のこと．等価線量（p.42）に組織や臓器ごとに定められている係数をかけて計算する．実効線量が同じであれば，身体全体に受ける影響の程度は同等とされる．

第 2 章
無限のエネルギー？

　1903 年にピエール・キュリーは，1 g のラジウムが 1 時間ほどの間に 1 g の水を沸騰させるだけのエネルギーを放出していることを発見した．放射能の発見以来，ピッチブレンドがつくり出すエネルギーはベクレルとキュリーを悩ませていた．ウランやほかの自然界に存在する放射性物質が，際限なくエネルギーを放出しているように見えたからだ．これは明らかに，すでに確立していた熱力学の原理に反するものであった．

　いまではもちろん，物理学の法則が守られていることはよくわかっている．そして私たちの惑星が持つ自然放射能によって生み出されているエネルギーがたいへんに大きいこともわかっている．自然放射能はおもに，ウラン，トリウム，そしてカリウムによるものである．この放射能による熱の総量は 12.6×10^{24} MJ（1 MJ = 100 万 J）である．このうち地殻の熱含量は 5.4×10^{22} MJ であり，世界中で 2011 年 1 年間に

消費された電力 6.4×10^{13} MJ の 1 億倍にもなる．

　このエネルギーはじわじわと，ときには急激に，惑星の外側に向けて放散している．しかし，利用されているのはほんのわずかな割合にすぎない．利用可能なエネルギーの量は，地球の中心部から表面への熱の移行を決める地質学的な動態に依存している．地球から発散される全エネルギーは 42 TW（テラワット，1 TW = 1 兆 W）で，そのうち 8 TW は地殻から，32.3 TW はマントルから，そして 1.7 TW がコアからである．これだけのエネルギーでも，太陽から地球に届く 17 万 4000 TW に比べると小さい．

　地熱発電のための最良の方式は，数キロメートルの深さにまで続く網目のような岩の亀裂を利用することとされている．150〜200 ℃と高温で，熱交換のために使える面積が広いからだ．これらの亀裂は，井戸を掘って人為的に拡げることができる．この井戸に地表から水を注入することによって熱交換が可能となり，井戸を通して発電のための蒸気や熱水を回収することもできる．こうした，いわゆる高温岩体発電（EGS）はヨーロッパで 10 万 MW 以上の電気をつくり出すことも可能と期待される．それぞれの EGS 発電所の発電量は潜在的には現在の数 MW から 100 MW までスケールアップすることができる．

　地球全体の高温岩体発電に使えるエネルギーを評価することは容易ではない．しかし，地下構造の 3 次元画像化技術など，地熱資源を評価する技術は進み続けている．レーザーや高温の火炎を利用した掘削技術により，より深い地熱資源も

利用可能となるだろう．プレートの端に位置し，したがって火山活動や地殻活動の活発な，アフリカ，中南米，そして太平洋地域の約 40 の国々ではすべての電気を地熱発電に頼ることも可能だ．

過去 40 年の間に設置された地熱発電の総量は世界中で直線的に増加しており，2010 年には 1 万 1000 MW に達している．最近の予測では，2050 年までに年間 1 万 4000 TW に達するといわれている．

それまでの間，人工的放射能，つまり核分裂が，エネルギー生産の倍増の大きなファクターとなるかもしれない．

原子力の夜明け

「イタリアのナビゲーターが新世界に到着」．1942 年 12 月 2 日に米国の環境 NGO 団体「自然資源防衛委員会」に配信されたこの暗喩的な情報は，エンリコ・フェルミと彼のチームが 1934 年にローマ大学で秘密裏にはじまった競争に勝ったことを意味していた．彼らは，世界ではじめて自己継続的な原子核連鎖反応に成功して，制御されたなかで原子力を解放したのだった．

核分裂の過程で放出される中性子は比較的速度が速い．まだローマにいた頃，フェルミは中性子とウランの反応の確率を高めるには，高速中性子を減速する必要のあることを発見していた．核分裂反応を起こすのはウラン–235 だ．ウランのうちで最も普通に見られる同位体のウラン–238 は，めっ

たに遅い中性子を吸収しない．中性子は，同程度の重さの核とぶつかったときに最も効率よく減速する．この過程はビリヤードのボールの衝突にたとえることができる．正面衝突した場合には，やってきたボールのエネルギーはすべて当たった相手のボールに与えられ，やってきたボールは停止する．そのため，黒鉛や水などが中性子を減速させるのに用いられる．

1回の核分裂により，200 MeVのエネルギーが解放される．これは化石燃料の燃焼などの化学的な反応から得られるエネルギーの何百万倍にもなる値だ．核分裂が起こると，いくつかの中性子が放出されるが，この中性子がさらに核分裂を引き起こし，連鎖反応がはじまる（図10）．この考えは最初にハンガリーの物理学者レオ・シラードによって提唱されたものである．

フェルミがウランと黒鉛の均一な混合物の中で連鎖反応が起こるかどうかを計算したときには，答えは否定的であった．これは，ウラン–235の分裂で生じる中性子の大部分が，連鎖反応が起こる前にウラン–238に吸収されてしまうからだ．正しい方法は，シラードによって示唆されたように，ウランと黒鉛のブロックを使うことだった．ウラン–235の分裂で生じた高速の中性子は，黒鉛のブロックの中で減速され，次のウランのブロックの中でふたたび核分裂を引き起こすのだ．

連鎖反応を維持するには，一定量以上のウランが必要である．これを臨界質量とよぶ．さらに，物質の幾何学的形状も

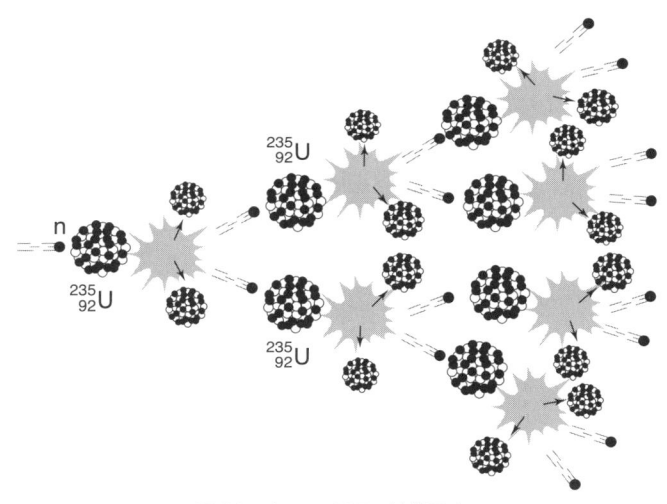

図 10 ウラン–235 の連鎖反応.

重要だ．核分裂性核種とよばれる，核分裂の連鎖反応を維持できる核種はウラン–235（自然の同位体存在比は 0.72%），ウラン–233，そしてプルトニウム–239 などである．後の二つは天然には存在せず，トリウム–233 やウラン–238 を中性子で照射したりすることによって得られる（この反応は中性子捕獲とよばれる）．ウラン–238（同位体比 99.27%）は核分裂を起こすことは可能であるが，連鎖反応を維持することはできない．核兵器の中では，連鎖反応が非常に急速に起こり，エネルギーは爆発的に解放される．

フェルミと彼のチームはウランと黒鉛の最適な配置を検討し，最初の原子炉をシカゴ大学のフットボール場の地下にあ

ったスカッシュコートに建設した．このため，この原子炉は「シカゴパイル1号」とよばれた．これは，$2 \times 2 \times 4$ m の黒鉛とウランのブロックを57層に重ねたものからできていた．その中にはウラン6tと40tの酸化ウラン，そして380tの黒鉛が含まれていた．連鎖反応を制御するために，遅い中性子をよく吸収するカドミウムがパイルの上に設置された．さらに，緊急時にはカドミウム塩の溶液を入れたバケツをパイルの中に投下して，連鎖反応を抑える「自殺装置」も原子炉の上に設置された．

1942年12月2日午後3時25分，フェルミはカドミウム棒をゆっくりと引き上げるよう指示を出した．中性子カウンターの音はどんどん早くなり，史上初の人工的連鎖反応が起きたことを示した．ユージン・ウィグナー（1963年のノーベル賞受賞者）が持ち込んだキャンティワインのボトルを開けるにはよいタイミングだった．

しかし，じつは歴史上で連鎖反応が起こったのは，これが最初ではなかった．

約20億年前に自然の自己継続的連鎖反応が，西アフリカのガボンのオクロウラン鉱脈の中で，天然水を減速材とした連鎖反応が起こっていたのだ．少なくとも17の「原子炉」が臨界に達し，このウラン鉱脈の中で，それぞれが20 kWの出力で稼働していた．これは，1970年代にフランスの科学者が，オクロの鉱脈ではウラン–235と238の比が0.717%であり，自然の0.720%よりもわずかに低いことに気づいたことがきっかけで発見された．

7章で議論する原子核合成理論によれば，ウラン–235と238の最初の存在比はそれぞれ34％と66％である．それ以降，それぞれの半減期で壊変したため，半減期7.04億年のウラン–235は，半減期44.68億年のウラン–238よりもずっと早く減衰した．先カンブリア紀の間にはウラン–235は現在のレベル（0.730％）までは壊変しておらず，3〜4％に濃縮されていた．こうして，オクロのウラン鉱脈でウランの濃縮レベルが現在軽水炉で用いられているのと同様のレベルに達したのだった．

　研究の結果，オクロの「原子炉」は数十万年にわたって稼働していたことがわかった．この期間に，5 tもの核分裂生成物とともに，1 tを超えるプルトニウムやそのほかの超ウラン元素がつくり出された．そして，これらの放射性生成物は壊変して安定な元素となり，現在の状態に至っている．ネオジム，ルビジウムなどの元素の異常な組成はこの古代の核分裂によって説明できる．

　興味深いことにオクロの原子炉の研究は，放射性生成物の地層内での運命に関する理解につながり，シカゴパイル1号の後に建設された多くの原子炉から発生する放射性廃棄物の長期貯蔵施設の設計に当たって重要な情報がもたらされた．

　今日，フェルミの原子炉を平和目的のエネルギー産生に利用するかどうかについては，いまだに意見が一致していない．安全性，核不拡散，環境そして放射性廃棄物などの懸案事項が一般市民と意思決定者を悩ませており，発電目的の原子力の展開の阻害要因となっている．

核分裂炉

　燃料，減速材，制御棒など，原子炉の基本的な構成要素は，現在でもフェルミによって最初につくられたものと変わるところはない（図11）．しかしながら，現在の原子炉にはいくつかの要素が付け加えられている．炉心と減速材を納める圧力容器，格納容器，そしてさまざまな多重安全システムなどである．近年の材料工学，電子工学，情報工学などの進歩がその信頼性と性能をよりよいものとしている．典型的な炉心には，酸化ウランや，酸化ウランと酸化プルトニウムを混合したペレットでできた燃料棒の集合体が収められている．速中性子を減速させるための減速材は，フェルミが使った黒鉛が用いられることもあるが，水（水素の代わりに重水素を含む重水の場合もある）がより広く用いられる．制御棒は，ホウ素やインジウムと銀およびカドミウムの混合物など，中性子を吸収する物質を含む．

　炉心の中には，液体か気体の冷却材が循環していて，熱を熱交換器に移したり，直接タービンを回したりする．水は冷却材としても，減速材としても使用される．沸騰水型原子炉（BWR）の場合，蒸気は圧力容器の中でつくられる．加圧水型原子炉（PWR）の場合は，熱交換器のそばの蒸気発生器で，原子炉の熱を使ってタービンをまわす蒸気をつくる．格納容器は，1 m厚の鉄とコンクリートの構造体で，原子炉を遮蔽している．

　2011年には，原子力は世界の電力供給量2518 TWh（テラワット時）の約14％を占めていた．2012年2月の時点で31

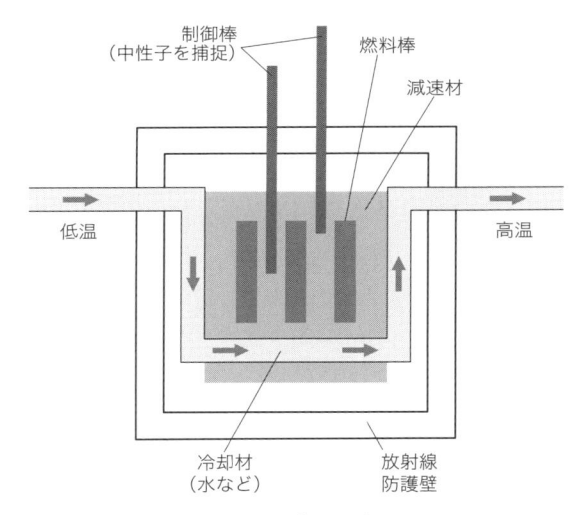

図中ラベル:
- 制御棒（中性子を捕捉）
- 燃料棒
- 減速材
- 低温
- 高温
- 冷却材（水など）
- 放射線防護壁

図11 原子炉のしくみ．

か国で435基の原子炉が運転されている．全体の発電能力は36万8267 MWである．13か国で63の炉が建設中であり，その能力は6万1032 MWである．最初の実験炉のあと，原子力工学は急速に発展してきている．

米国アイダホ州で，世界最初の発電用原子炉 EBR–I が4個の電球をともすのに十分な電気をつくり出したのは，1951年12月20日のことであった．1954年6月26日には最初の操業炉（APS-1）がロシアのオブリンスクで電力供給網に接続された．出力は5 MWであった．

エネルギーの専門家は，原子力は世界的なエネルギーミックスの一部として，近い将来特筆されるべき役割を果たすと

予測している．各国が温室効果ガスの排出目標の達成を目指す一方で，30億人が電気を使えない状況にあり，エネルギーの不均衡を是正することが決定的に重要である．アフリカに住む人々の4分の3が発展のために不可欠な電気を持たないことを考える必要がある．

よく知られているように，インドや中国を含め，発展途上国や新興国で多くの原子炉が建設中，あるいは計画中である．しかしながら，日本での福島第一原子力発電所事故によって，原子力プログラムの遅延や延期を余儀なくされた国もある．2011年にドイツは原子力プログラムを2022年までに終了すると決定した．イタリアでは国民投票で90%以上の人々が，原子力発電を再開するという政府案に反対票を投じた．

原子炉は，技術的な発展に伴って四つの世代に分類される（図12）．

第1世代は，初期の原型炉で，1950〜60年代初期に建設されたものであり，天然ウランを燃料として使い，減速材として黒鉛を用いるのが一般的である．

第2世代には，1960年代から1990年代半ばまでに建設された原子炉が含まれる．現在稼働中の原子炉の多くが第2世代に分類される．一般に濃縮ウラン燃料（ウラン-235の同位体濃度を天然ウランの0.7%から3〜4%に濃縮したもの）を用いる．水を減速材と冷却剤として利用している．この世代には，次の原子炉が含まれる（本書執筆時，2012年3月現在）．

図12 原子炉の発展.

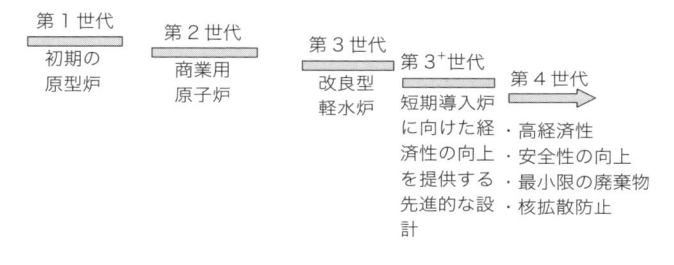

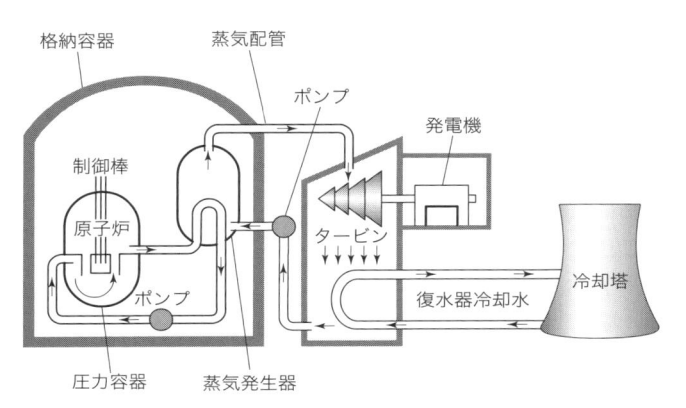

図13 加圧水型原子炉．水が減速材および冷却材として用いられる．

・加圧水型原子炉（PWR，図13）は，米国，フランス，日本，ロシア，中国を含む26か国で272基以上が稼働している．また，何百もの艦船の動力としても利用されてい

る．最初は潜水艦用の原子炉として開発された．水が減速材としても，冷却材としても用いられる．高い圧力で水が炉内を流れる一次冷却系と，ここから熱を受け取って蒸気を発生させ，タービンを回して発電するための二次冷却系からなる．

・沸騰水型原子炉（BWR）は，米国，日本，スウェーデン，フィンランド，ドイツ，インド，メキシコ，スペイン，スイス，台湾で84基が稼働している．PWRと似ているが，冷却水の回路は単一である．

・加圧重水炉（PHWR）は，カナダ，ルーマニア，韓国，中国，インド，パキスタンで47基が使われている．燃料は加圧された二次冷却回路の中で重水によって冷却される．PWRと同様に，一次冷却材は，二次回路の熱を受けてタービンを回す蒸気を発生させる．

・ガス冷却炉（GCR）は，英国の16の発電所で使われている．冷却剤として二酸化炭素を使い，黒鉛を減速材として使用する．

・軽水黒鉛減速炉（RBMK）ロシアの15の発電所で使われている（さらに1基が建設中）．プルトニウム製造のための原子炉から発展したもので，黒鉛の減速材の中を走る圧力管を持ち，水で冷却される．

第3世代の原子炉は，1990年半ば以降につくられた炉が多い．これらは第2世代の原子炉を改良したもので，燃料の利用の熱効率と安全性が高まっている．また，デザインの標準化が進み，建設費用とメンテナンス費用が節減されており，10を超える先進設計が開発されている．この中には，

先進沸騰水型炉（ABWR），ヨーロッパ型加圧水炉（EPR）や「システム 80 ＋」など，PWR と BWR から進化した型式が含まれる．ヘリウムで冷却するペブルベッドモジュラー炉など，より先進的な設計の炉もある．

　第 4 世代の原子炉はまだ設計段階にあり，その大部分が実用化されるのは 2030 年以降になる．このタイプの新型炉は，経済的競合性，安全性，廃棄物，兵器への転換の困難さ，核拡散への抵抗性，そしてテロリストの攻撃への抵抗性などの課題について対策が施されている．あらたな炉のシステムを開発し，選択することを目的とする国際的な組織として，第 4 世代炉国際フォーラム（GIF）がある．これには，アルゼンチン，ブラジル，カナダ，中国，フランス，日本，ロシア，韓国，南アフリカ，スイス，英国，米国，EU が加わっている．同様の議論は IAEA の新世代炉に関する国際プロジェクト（INPRO）の中でも行われている．このプロジェクトには，35 の IAEA 加盟国と EU が加わっている．

　GIF や INPRO では，どのようなエネルギーの中性子を用いるかなど，新型炉の基本的考え方や，原子燃料サイクルについて検討している．

高速炉と燃料サイクルの考え方　　燃料サイクルにはウランの採掘と加工，必要に応じたウラン–235 の濃縮，原子燃料の製造，炉内での使用，使用済み燃料の取出しと保管，そして再利用可能なウランとプルトニウムを分離するための再処理が含まれる．使用済み燃料が再処理される場合には，サイクルは「閉じている」と定義される（第 4 世代の考え方で

は，アクチノイドもリサイクルされ，壊変生成物だけが保管され，処分される）．使用済み燃料がそのまま貯蔵保管される場合には，サイクルは「オープンである（閉じていない）」と定義される．

　高速炉で核分裂を起こすのは速い中性子で，減速材は必要としない．高速炉の燃料はプルトニウム-239とウラン-238からできている．高速炉では，核分裂を継続できないウラン-238を，継続できるプルトニウム-239に変換する．これにより，炉が稼働している間は，消費されるよりも多くの分裂持続可能な燃料がつくられることになる．中性子の減速を防ぐとともに，良好な熱交換を可能とするために，冷却材にはナトリウムのような液体金属が用いられる．

　これまでに建設された高速炉では，ウランでできた増殖ブランケットとよばれる構造体が炉心を取り囲んでいる．ブランケットは再処理されて，ふたたび燃料として使うためにプルトニウムが取り出される．こうしてサイクルが閉じている場合にはプルトニウムが消費されるとともに，製造されることになる．

　高速炉では中性子の捕獲は最小限にし，ウランとプルトニウムの分裂を最大限にする．高速炉では，アメリシウムやプロトアクチニウムなど通常の熱炉でつくられるアクチノイドを利用することができるので，高レベル廃棄物の中の長寿命核種の量を減らすことができる．

　GIFでは，閉じた燃料サイクルを採用する炉のシステムを五つ選択している．ガス冷却式高速炉，鉛冷却高速炉，溶融塩炉，ナトリウム冷却高速炉（図14），そして超臨界水冷

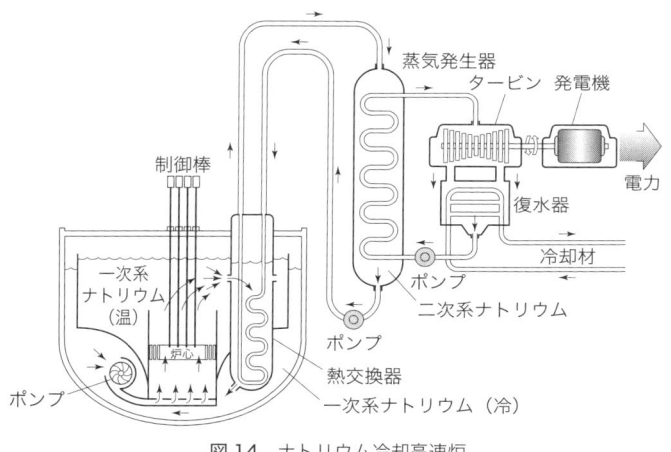

図14 ナトリウム冷却高速炉.

却炉である.

加速器によって駆動するシステム（ADS）　ADS では，臨界に達していない炉心に，追加の中性子がイオン加速器によって供給される．これまでに直線加速器（LINAC）や円形加速器（サイクロトロン）の使用が提案されている．ともに，1 GeV のエネルギーをもつミリアンペアの陽子ビームをつくり出すことができる．この高エネルギー陽子を原子番号の大きな標的（タングステンや鉛など）にぶつけ，高エネルギーの標的原子の壊変を伴う核反応を介して中性子をつくり出す．こうしてできた中性子が原子炉に臨界をもたらす．陽子ビームが止まれば連鎖反応も止まるため，ADS は安全上の利点があると考えられている．しかしながら，炉の設計や

運転は非常に複雑なものとなる．

トリウムを基本とする原子炉と燃料サイクルシステム

前述のように，トリウムはウランに比べて3〜4倍の量が地殻中に存在する．しかしながら，トリウムには持続して核分裂を起こす同位体が存在しない．自然界のトリウムには，燃料に転換可能な同位体であるトリウム–232が含まれるだけである．そのためこのシステムでは，持続的核分裂可能なウラン–235やプルトニウム–239と原子炉内で組み合わせて，持続的分裂が可能なウラン–233に転換する．原子力時代の初期からトリウムを燃料サイクルの中に取り入れて，原子燃料の入手可能性を拡張しようという関心は高く，インドでは実際に計画が進められている．しかし，残念ながら，再処理の過程が複雑で，燃料への再加工，再装荷に当たって，短寿命のウラン–232（つねにウラン–233と共存する）からの高レベルのガンマ線の問題を克服しなければならない．

それにもかかわらず，トリウムを使用する原子炉は，新型の第4世代の原子炉の重要なオプションの一つと考えられている．その理由は，自然界に豊富に存在し，長期にわたる原子力の持続性を向上させるということだけではない．トリウム燃料サイクルから生じる長寿命のアクチノイドのレベルが低いので，使用済み燃料の放射線毒性を抑えることができるのだ．さらに，トリウムを使用する原子炉は，ウラン–232と強いガンマ線を放出する壊変生成物のおかげで，本質的に核兵器の拡散に対する抵抗性が大きい．

小型モジュラー／可搬型原子炉　　1980年代から米国空軍では持ち運びのできる原子炉の製作を計画していた．小型モジュラータイプのデザインは，次世代原子炉の一つとしてふたたび脚光を浴びている．

　将来の小型炉は炉心，制御システム，安全システム，蒸気発生器が一体となって，密閉されたコンテナの中に密封されており，必要な場所に船や重車両で運べるようになっている．寿命を終えた後には，燃料のリサイクルのためにそのまま製造業者に戻される．このシステムでは，使用者が炉を開けて生じたプルトニウムを核兵器の製造に利用することを防止できる．

　小型炉には熱炉も高速炉も含まれる．10 MWから300〜400 MWの限定された出力を出すように設計されている．オレゴン州立大学で開発された出力4.5 MWの軽水炉であるNUSCALEはユニットとして設計されていて，複数組み合わせて使用する．用途が拡大したときには数を増やせばよい．高速炉をもとにしたモデルで，ローレンス・リバモア研究所で開発された鉛冷却炉のSSTAR（小型，密閉式，可搬型，自律式炉）モデルは30年以上も燃料を交換しなくても運転することができる．10〜50 MWの電力をつくり出せるSSTARの大きさは直径3 m，高さ15 m，重さ500 tである．

　ロシアも，砕氷艦での小型炉を開発してきた長年にわたる経験を生かして，類似のコンセプトの小型炉を開発している．KLT-40モデルは可搬型の小型炉で，船で運び僻地に電力を供給することもできる．一つのユニットで35 MWの出力があり，発電にも，海水の脱塩のための熱の供給にも使う

ことができる．また，これも何年にもわたって燃料を供給せずに運転することができる．

さまざまな考えが検討されており，そのメリットは大きいものの，第4世代の原子炉の実現はまだ先だ．これに代わる，軽い原子核の融合による原子力エネルギーシステムも先の見通しが立っていない．

核融合

核融合は，人類のエネルギー問題に対する長期的な解決策であると信じられている．核融合は，太陽を過去50億年にわたって輝かせてきた反応と同じ原理である．太陽はまだ中年の星であり，これからも輝き続けることだろう．

1920年に，太陽エネルギーの源は水素からヘリウムへの核変換であるとはじめて示唆した，英国の物理天文学者アーサー・エディントンは，「キャベンディッシュ研究所でできることであれば，太陽の中でも困難なことではないだろう」と語った．彼の理論は同じ年の，米国のスペクトル分析学者フランシス・ウィリアム・アストンによる，「4個の水素原子が1個のヘリウム原子よりも重い」という発見に基づいている．アインシュタインが1905年に明らかにした質量とエネルギーの関係によれば，水素の核融合によって，太陽は1000億年もの間エネルギーを出し続けられることになる．この数字は，100年以上も前にケルビンやフォン・ヘルムホルツら物理学者が，太陽のエネルギー源が重力だけであると仮定した場合の数字——2000万年から1億年という数字より

もはるかに大きいものであった．

　ドイツ生まれで米国に移った物理学者のハンス・ベーテは，1939年に発表した「星の中でのエネルギー生産」という論文の中で，太陽などの星の中で水素をヘリウムに融合させるあらゆる原子核反応の過程について検討した．ベーテは太陽の中心の温度を計算して，今日私たちが知っている温度と20％しか違わない数字（1600万K）を得た．彼はまた，星の質量と明るさの関係についても見出した．これは天文学の観察と一致するものであった．ベーテは1967年に「核反応の理論，とくに星のエネルギー生産に関する貢献」によってノーベル賞を受賞した．ベーテは，太陽の中でのエネルギー生産に関するあらゆる可能性の中から，最も重要な二つの反応を選択した．

　第1は，p–p連鎖とよばれる反応で，四つの水素原子が融合してヘリウムができる．これが太陽など比較的小さな星の中における主要なエネルギー源である．この連鎖反応は，反応の順番が異なる場合もあるが，おおむね次のように進む．

　第1段階では二つの水素原子核が融合して，重陽子の核をつくる．第2段階として，重陽子が陽子と融合してヘリウム–3ができる．第3段階では，いくつかの反応の可能性があるが，いずれもヘリウム–4の原子核をもたらす．全体としてp–p連鎖反応では二つの水素原子核が融合して，一つのヘリウム–4ができる．そうして，水素–1の4個分の質量とヘリウム–4の質量の差に相当するだけのエネルギーが解放される．

二つ目のしくみ（炭素，窒素，酸素の元素記号から CNO サイクルとよばれる）では，これらの元素が，四つの水素原子核からほかのいくつかの粒子とともにヘリウム原子核が形成される反応の触媒として働く．

重力が，初期の宇宙に存在していたすべての水素を何十億年にもわたって凝集させ，非常に高温で高密度の核を持つ大きな質量をつくり出した．これは，まさに核融合が起こる条件である．水素原子核は静電的な反発力を克服して，核力の影響のもとで融合した．太陽の中では毎秒 1 億 t もの水素原子核がヘリウム原子核に変わっている．

それでは，いったいどうしたらこのような条件をより小規模に，かつ制御したやり方で再現することができるのだろうか．

専門家たちはエネルギー生産に用いることができる最適な反応は，水素-2（重水素）と水素-3（トリチウム）の融合であると結論を下した．実際，反応の効率はよく，融合反応が起こるごとに 17.6 MeV のエネルギーが生み出される．しかしながら，二つの原子核の正電荷の反発をおさえてクーロン障壁を乗り越えるためには太陽の中心部よりも高温の 4000 万 K という温度が必要となる．

核融合に必要な温度では，水素原子はプラズマ（電子がばらばらになり，正電荷を持つイオンと電子とが電荷を持つ混合物を形成する状態）となる．気体と同じように，プラズマは決まった形や体積を持たない．しかし，電荷を帯びているので，磁場によって形を整えることができる．プラズマは

1879年にブルックスによって最初に発見され，米国の物理学者ラングミュアによって命名された．

トカマクとよばれるドーナツ型の容器に高温のプラズマを閉じ込めるためにも磁場が用いられる．プラズマ状の重水素とトリチウムが融合してヘリウムの原子核と中性子ができ，このときにエネルギーが解放される．ヘリウム原子核は，トカマクの内部の磁場の中に閉じ込められたまま残る一方，中性子はエネルギーの80%を持ってプラズマから離れて閉じ込め容器の壁にぶつかり，そのエネルギーが熱へと変化する．

核融合の実験は1930年代にはじまった．しかし，最初にモスクワのクルチャトフ研究所に建設されたT1とよばれるトカマクが運転に成功したのは1968年であった．

それ以降，200を超えるトカマクが建設された．これにはヨーロッパ共同トーラス（JET）や日本のJT-60，そのほかに米国のものが含まれる．国際熱核融合実験炉（ITER）はこの考え方に基づいて建設されたもののうち最大で，最も進んだものである．ITERは，中国，EU，インド，日本，韓国，ロシア，そして米国からなる連合体によってフランスのカダラシュに建設されている．これらの国々の人口を合わせると，世界の人口の半分を超える．ITERのトカマクは2018年に運転開始の予定で，2040年には融合炉からのエネルギーが電力として供給されるかもしれない．

重水素–トリチウム融合の燃料は容易に入手できるのだろ

うか．重水素は海水の中の水素に約 5000 分の 1 の割合で含まれており，こちらは問題がない．おもな課題は半減期 12.3 年のトリチウムであり，自然界には存在しない．トリチウムは原子炉の中で中性子をリチウム–6 に衝突させることによって核反応を起こして製造することができる．

$${}^6_3Li_3 + {}^1_0n_1 \rightarrow {}^4_2He_2 + {}^3_1H_2 + 4.8 \text{ MeV}$$

制御したかたちで核融合を達成しようとする二つ目の考え方は「内部閉じ込め」に基礎を置いている．この場合，重水素とトリチウムの反応は，強力なレーザービームや中性子との衝突など，高エネルギーのパルスによって着火される．

この考えは，核融合の引き金として必要な圧縮と高温を，濃縮ウランやプルトニウムによる核分裂爆弾の爆発によって得る，という核兵器の基本的考え方でもある．

いわゆる水素爆弾や熱核爆弾とよばれるものは，米国が 1952 年 11 月 1 日にマーシャル諸島ではじめて爆発させた．メガトン級の核融合爆弾は，1953 年にソ連が爆発させた．最大の水素爆弾は，TNT 火薬の 55 Mt のエネルギーを解放した．これは，広島に投下された原爆の 4000 倍であった．米国の兵器庫にある爆弾の大部分は水素爆弾で，よりコンパクトで，より高性能である．熱核爆弾は，重水素化リチウムというかたちで，固体化した重水素とリチウム–6 の標的を使っても製造できる．

爆発の最初の段階でプルトニウムの分裂による中性子がリチウムと反応して，上に記した核反応によって，トリチウム

をつくり出す．トリチウムと重水素の融合は第2段階で進む．何年か前に人々を驚かせた中性子爆弾は特殊な核融合爆弾で，はじめの核分裂のプロセスを最小化し，中性子をつくり出す反応を最大化した爆弾だ．環境の汚染は少なく，基盤設備や構造物の損害は少なく，人々を殺すのに特化した，とくに悪質なものである．

内部閉じ込めを達成してエネルギーを得ようという，二つの大きなプロジェクトが進められている．フランスのボルドーのレーザーメガジュールと米国ローレンス・リバモア研究所の国立点火施設（NIF）だ．これらの施設は，現実には核兵器の開発をテストするためのコンピュータープログラムを検証するために重要だ（国際的核実験に関する条約に抵触しないようにするため）．

燃料の重水素–トリチウムペレットは小さな金でできた円筒形の容器に収められる．リバモア研究所で最近，192基の強力なレーザーを用いて，1 MJの紫外線レーザーパルスが標的に照射された．このシステムは，米国中の発電機の1000倍に相当する500兆Wのパワーを与えることができる．ただし，10億分の4秒しか続かない．1 mm^{3}の体積の中で1.8 MJのエネルギーを解放するが，これは50 mLのガソリンが生み出すエネルギーにすぎない．既存の発電システムに競合するためには，これらの融合サイクルが高速にくり返されなければならない．

米国の科学者たちは，プラスのエネルギー収支が得られる

ような自己持続的核融合反応は2014年頃までに実現すると考えているが，役立つようなかたちで電気を供給できるようになるには，おそらく30年はかかるだろう．60年以上も前に最初の核融合が行われて以来，多くの人が実用的な核融合炉の開発には30年かかると主張した．そして，この数字はずっと減らないまま今日に至っている．この間，レーザーメガジュールと国立点火施設は，顕微鏡的な熱核爆発を生み出す施設としてしか機能をしていなかった．

　実用的な核融合炉の実現に向けては，重水素とトリチウムの核融合だけでなく，ヘリウム–3の核融合を含めた，さまざまな可能性が試されることとなろう．ヘリウム–3は放射性ではなく，中性子も発生せず，放射性の副産物も発生しないので非常に魅力的な選択肢だ．残念なことに，地球上ではヘリウム–3は非常にまれな存在でしかない．しかし，月にはこのガスが太陽風によって地質学的年代にわたって蓄積しており，採取ができるかもしれない．ヘリウム–3はまた，核兵器に用いられるトリチウムの副産物でもある．

第3章
食糧と水

　1911年,ハンガリーの化学者ジョージ・ド・ヘベシーが,アーネスト・ラザフォードのグループに加わった頃のことであった.彼は下宿の女主人が夕食に前日の食事の残りを出しているのではないかと疑いを持った.この仮説を証明するために,ある日,食べ残しに少量の放射性物質を加えておいた.次の日に出された食事を研究室で調べたところ,まさしく彼の疑念が確認されたのだった.その後,彼はその独創性をもっとまじめな分野で発揮して,1943年にノーベル化学賞を受賞した.受賞理由は,「化学反応過程の研究におけるトレーサーとしての同位体の利用における功績」であった.

　農業の分野では,ヘベシーによって開発された方法が,核酸を放射性同位元素で標識して,突然変異の性状解析を行い,遺伝的な選択を支援するために用いられてきた.

　電離放射線が農産物の品質の向上のために利用されている

ことはよく知られている．たとえば，ガンマ線や電子線は，種や小麦粉や香辛料の滅菌に用いられる．また，野菜の発芽を抑えたり，肉や魚の中の病原菌を破壊して，保存期間を長くするのに利用されている．50〜150 Gy の線量が，タマネギやニンニク，ジャガイモの芽止めに用いられる．1000〜4000 Gy の線量は，イチゴなどの果物の保存期間を伸ばすのに用いられる．魚や肉の中のサルモネラ菌のような細菌を殺すには，7000 Gy くらいまでの線量が必要だ．香辛料を微生物や昆虫から守る際には，3 万 Gy ほどの線量が照射される．

2013 年現在，60 を超える国々で 50 種類以上の食材の照射が認可されており，その量は毎年 50 万 t にのぼる．世界中で約 200 のコバルト-60 照射装置と，10 を超える電子線加速器が食品照射に使われている．

突然変異

自然の選択によって生物が進化するというダーウィンの考えは，選択的育種によって触発されたものだった．彼はロンドン近郊のドーンにあった自分の農園で，植物を使って多くの実験を行った．

『種の起源』の中で，彼は次のように述べている．

> 人間は実際に変化をつくり出しているわけではない．たんに生物をあらたな環境にさらしているだけだ．そして自然が生物に働きかけて，変化をもたらすのだ．しかし人間は，自然から与えられた変化を選ぶことができる．そして，それらを好きなだけ蓄積することができるのだ．

ダーウィンが彼の理論を発表したのは，放射能が発見される37年前のことだった．放射線は自然に起こる突然変異を人工的につくり出すのだ．

　放射線の力を借りて，育種家たちは遺伝的多様性を増加させて，選択の過程を促進する．自然に起こる突然変異率（遺伝子あたり，世代あたりに生じる突然変異の数）は，10^{-8}〜10^{-5}の間にある．放射線は突然変異率を10^{-5}〜10^{-2}に引き上げる．

　ガンマ線などの電離放射線は植物に突然変異を起こし，「ジャームプラズム」（そこからあらたな植物が生長してくる組織）を増やし，変異性を増強して育種家が作物の品質を向上させるのを助ける．あらたな特性，たとえば収穫量の向上や病気への抵抗性の増強などを備えたあらたな品種は，育種選択プログラムの中で普通に選択される．これにより，作物の栄養学的な特徴はそのままに，味や大きさなどを改良することができる．このプロセスは自然に起こる突然変異と同様であり，賛否の意見が分かれている，外部から遺伝子を導入することによってつくられる遺伝子組換え作物とは一線を画すものである．

　放射線が植物の育種に用いられるようになったのは1920年代であった．米国の遺伝学者ルイス・シュタットラーが，トウモロコシとオオムギでX線による突然変異を見つけたのが最初の例だ．彼は突然変異が自然に生じるものに似ていることを確認した．核実験に反対する政治的活動家でもあっ

たハーマン・ミュラーも，彼とは別に同様の実験を行っていた．

　初期の実験で得られたのは，葉に白い筋が入るといった奇妙な変異体であった．しかし，科学者たちはやがて，この手法をより多くの種に応用すれば，より有用な変異体が得られることに気づいた．

　160の植物種の2600を超える変異体が，国連食糧農業機関（FAO）とIAEAが運用する突然変異体データベースに登録されている．塩分に非常に強い米の変異株もある．ベトナムで作付けされており，バングラデシュ，インド，フィリピンなどに導入されている．別の例では，北アフリカでの栽培を妨げている主要な原因のバヨド病に耐性をもったナツメヤシの開発がある．小麦や大麦，キャッサバ，ヒマワリ，バナナ，ゴマ，グレープフルーツ，そしてアマニなどの有用な変異体が育てられている．

　植物の育種は開発の進んでいない国々で，気候変動による耕作可能な土地の減少や飲料水の供給源の枯渇などへの対応にも役立っているのだ．

水

　発展途上国の100万人以上の人々が，きれいな水を手に入れられない状況にある．アフリカの人々の4割以上は，飲用に適した水を手に入れられないでいる．専門家は，緊急に対策を講じなければ，2025年までに60％の人が水不足に直面すると予測している．

地下水がどこからくるか，どれほどの年齢か，どのくらいの割合であらたに供給されるのか，そして汚染物質がどこから来るのかということは，水の循環を知り，管理するうえで欠かせない情報である．そうして最終的には，世界中の水を確保するという目標に，放射性同位元素を用いた技術が貢献している．いくつもの安定同位元素や宇宙線で生成される放射性核種がトレーサー[*1]や年代測定の指標として用いられているのだ．用いられる元素には，水素，酸素のほか，炭素-14（半減期5730年），塩素-36（半減期30万1000年），ヨウ素-129（半減期1570万年）やクリプトン-81（半減期23万年）などの長寿命核種も含まれる．

　通常の質量分析器や放射線計測装置で分析困難な長寿命放射性核種を検出するのには，加速器質量分析装置（AMS）が用いられる．AMSは分析装置の一部にイオン加速器を有する．したがって，試料から抽出され，高エネルギーに加速されたそれぞれのイオンの質量と原子番号を測定することができるのだ（図15）．

　複数の原子が結合している分子は，質量分析器にとってやっかいな問題だ．関心のある核種と同じ質量を持っていたときに，区別ができないからだ．しかし，加速器を使うと，箔やガスの中を通して高エネルギーのイオンを送り込む際に結合電子をはぎ取られ，分子が破壊される．その結果，AMSでは同位体比が10^{-15}というような微量の試料を分析することができる．従来の質量分析システムの100万倍の感度だ．

(a) 質量分析器 (MS)

```
イオン源 → 加速 (kV) → 質量エネルギー分析 → 検出
(イオン化)                              (イオンの同定)
```

(b) 加速器質量分析装置 (AMS)

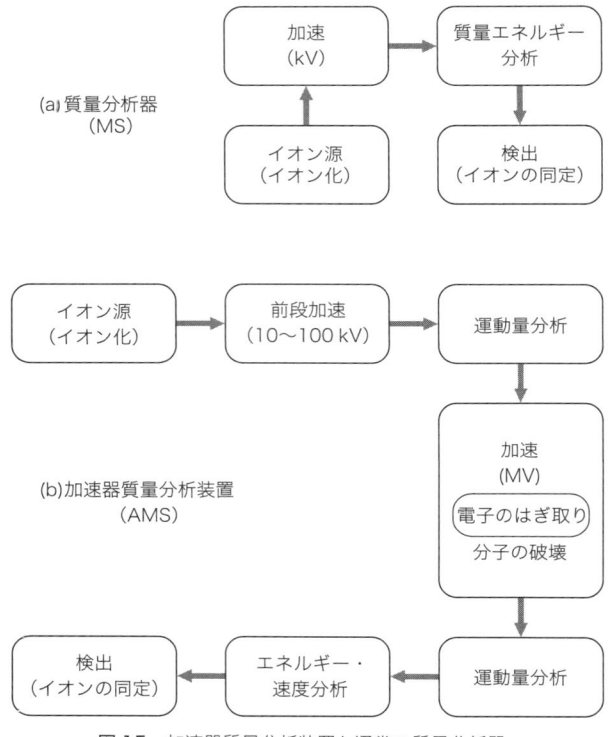

```
イオン源(イオン化) → 前段加速(10〜100 kV) → 運動量分析 → 加速(MV)[電子のはぎ取り／分子の破壊] → 運動量分析 → エネルギー・速度分析 → 検出(イオンの同定)
```

図15 加速器質量分析装置と通常の質量分析器.

これに加えて AMS では,壊変に伴う放射線を測定するのでなく,原子を直接計測するので,測定の精度が同位体の半減期に影響を受けることがない.したがって,壊変を数える技術に比べて,AMS が長寿命核種を検出する効率は $10^5 \sim 10^9$ 倍も高く,分析に必要な試料の量も $10^3 \sim 10^6$ 少なくて済む.しかも測定にかかる時間も,100〜1000 倍迅速だ.

長寿命の宇宙起源の放射性核種は，地下水の「年齢」を，平均地下滞留時間（その水が大気圏から隔離されてからの時間）として評価するというユニークな方法を提供する．表面水が地下に浸透していった場合に予想される放射性核種の濃度に比べて，地下水に実際に含まれる濃度がどれだけ低いかを比較するのだ．

　科学者は，大気中でアルゴンと宇宙線の反応でできる塩素-36 を利用して，100 万年以上前の地下水の年齢を言い当てることができる．しかしながら，この手法は対象となる水が，井戸や泉への水の供給源となる地下の帯水層に入ったときに，放射性核種の濃度がどれほどであったかの不確かさに大きな影響を受ける．

　世界最大の地下水を保持するオーストラリアの大鑽井盆地（だいさんせい）は，6 万 4900 km^3 の地下水が蓄えられている，オーストラリア内陸における最も重要な水源だ．ここにある水の年齢を知るために塩素-36 が利用されていた．塩素の中に占める塩素-36 の割合は 10^{-16} しかなく，この分析を行うに当たっては，キャンベラのオーストラリア国立大学にある巨大なファンデグラーフ型のタンデム加速器が必要であった．分析の結果，その年齢は 100 万年を超えることがわかった．この情報は水の流れの状況を理解するのに用いられ，地下水が再補給される地域を特定するのに役立った．ただしこの手法では，ウランによってつくられる塩素-36 が地下水に流入して宇宙線起源の塩素-36 に混入すると，解析が困難になってしまう．

地下水の年齢分析に使えるもう一つの核種は，成層圏において高エネルギー宇宙線でつくられるクリプトン-81である．クリプトン-81には，塩素-36の場合のような問題はなく，AMSやレーザー原子測定法を使えば十分な感度で測定ができる．塩素-36とクリプトン-81の分析は，サハラ砂漠のヌビア帯水層に対する過去何百万年にもわたる天候の影響の研究に使われており，この手法が広い範囲にわたる水文学的な課題に適用可能であることを示している．

地下水系によっては，ヒ素が危険な濃度に達する場合がある．バングラデシュやインドのある地域では，ヒ素の慢性毒性が大きな問題となっている．バングラデシュでは80%の地域がヒ素で影響を受け，4000万人が健康をおびやかされていると推定されている．科学者たちは放射能を利用してヒ素がどこからやってきたか，その濃度と動きを研究している．地下水の年齢とヒ素の動きとの関係を評価するのに，トリチウムと炭素-14が用いられている．核実験によってもたらされたトリチウムや放射性炭素があるということは，ヒ素に汚染された水のいくらかは比較的新しいことを示している．一方，より古い，更新世にさかのぼるような帯水層ではヒ素のレベルは低く，ずっとよい水源となる可能性が示された．

害虫駆除

害虫は人や家畜や農産物に甚大な被害を与える．しかし，広く使われている殺虫剤は環境を汚染するおそれがある．殺

虫剤はまた，ミツバチなどの有用な昆虫を殺し，農業作業者や水源や土壌を汚染する．そこで，殺虫剤に代わるよい手段として，放射線による害虫不妊化技術（SIT）が注目されている．

SITでは，大量に飼育した害虫のオスにコバルト-60線源からのガンマ線を照射して不妊化させる．このとき，不妊化はさせるものの，活動に支障はない程度の適切な線量を与えなければならない．不妊化したさなぎは飛行機から大量発生地域に散布される．不妊化されたオスは，野生のメスと何度も交尾をする．しかし，メスはそれぞれ1回しか交尾しないので，十分な数のオスが放されたとすれば，害虫の数は全体として減っていき，ついにはその地域から駆逐されることになる．この方法は，離島のような隔離された地域でとくに効果がある．

SITの技術は1938年に，テキサスの農業省で働いていたエドワード・ニップリングによって開発された．彼が狙っていたのは，家畜にとって致命的な害虫であるラセンウジバエだった．SITの最初の試みは1950年代初期にフロリダ州サニベル島で行われた．その後の半世紀で，ラセンウジバエは北米および中米から駆逐された．

SITはいまやツェツェバエ，ノサシバエ，チチュウカイミバエ，タマネギバエなどの害虫を駆逐したり，制御したりするために広く用いられている．ツェツェバエはアフリカのいくつかの国々では，「眠り病」とよばれる病気を媒介するので大きな問題となっている．眠り病は家畜と人に影響を与

え,経済発展の大きな障害となっている.国連機関では,世界的なツェツェバエなどの害虫を撲滅する世界的なプログラムを支援している.

過去数年の間にIAEAが先導して,SITを利用してマラリアを媒介する蚊を制御しようというプログラムが進められている.専門家たちは,サハラ砂漠以南のアフリカ地域において,マラリアの強力な媒介昆虫であるハマダラカを対象に設定している.世界中で45秒に一人の子どもがマラリアのために死亡しており,その約90%はアフリカにいるからだ.

* 1 [訳注]ある物質の時間的,空間的な挙動や,代謝などによる変化の様子を知るために,その物質を放射性同位元素で標識し,放射能を目印として追跡することができる.このときに用いられる,標識した化合物をトレーサー(「追跡するもの」の意)とよぶ.

第 4 章
医学における放射線

　第一次世界大戦の前線には，ポータブル式のX線装置を装備した20台の以上の救急車（「プチ・キュリー」という愛称でよばれていた）や，200台もの据置き型のX線装置が配備された．マリー・キュリー自身も，原子力科学のあらたな医学利用をノーベル賞の賞金で支援していた．骨折や傷病兵の体内の弾丸を見つけるうえで，X線は大きな役割を果たした．

　19世紀の最後の年になると，X線医学の部門が各地に設立されるようになった．英国のグラスゴー王立診療所もそのうちの一つであった．ここではジョン・マッキンタイア博士の指導のもとに，1896年に最初の腎臓結石のX線画像が撮影されている．

　20世紀の最初の10年間，医学的検査は体の問題の部分にX線を当て，透過した放射線をフィルムで検出するというやり方で行われていた．患者自身がフィルムカセットを持ち，

撮影に必要な時間は10分にも及んだ．X線作業担当者にとっては，X線の過剰被ばくが問題であった．ときには，悪性の潰瘍のために指を切り落とさなければならないこともあった．現在のコンピューター断層撮影（CT）ではミリ秒のうちに撮影は終わり，患者への線量も何百分の1で済む（図16）．

1900年代のはじめまでには，医師たちはバリウムやヨウ素などを含む化合物を造影剤として使うようになった．造影剤は体内に注入することによって血管を見えるようにしたり，胃腸管などの内部臓器を見やすくするために用いられた．X線撮影にとってのさらなる進歩は，蛍光スクリーンの開発であった．これによってリアルタイムの画像が得られるようになったのだ．

X線増感スクリーンが1950年代に発明されると，これをテレビカメラと組み合わせて，X線の動画が得られるようになった．これが，血管と心臓の画像を得る血管造影のはじまりであった．

1970年代のデジタル技術とコンピューターの発展は医学分野の画像化技術に革命をもたらした．この進展は，それまでのアナログ技術に基づいた医学画像技術（血管造影も含む）のすべてに影響を及ぼした．デジタル技術の進展の大きな利点は，コンピューター技術のおかげで，画像を鮮明にできること，効率的に保存し保管できること，そしてインターネットで送信することで，遠隔診断ができるようになったことなどである．

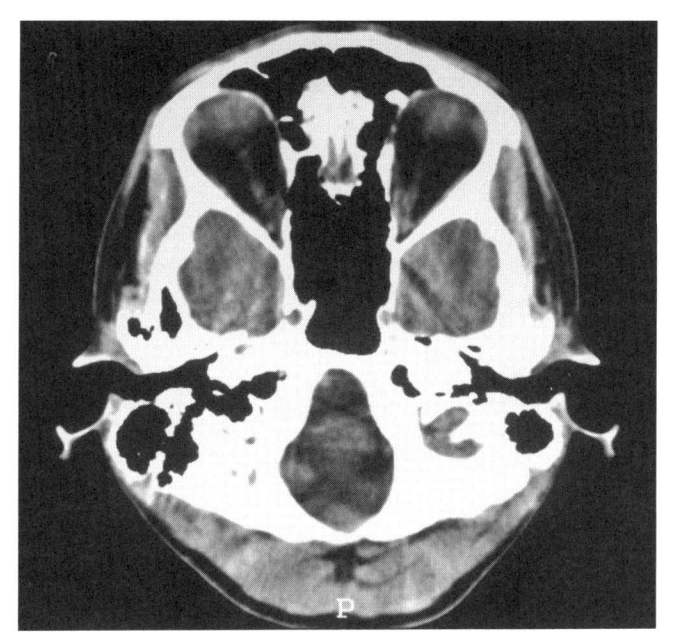

図 16 人間の脳の X 線 CT 像．

　この時期の特筆すべき発明は，1972 年にゴドフリー・ハウンドフィールドによって開発されたコンピューター体軸断層撮影法（CAT）である．彼は 1979 年，南アフリカの医師アラン・コーマックとともにノーベル医学生理学賞を受賞した．CAT 装置では，体軸のまわりのさまざまな角度から，複数の X 線像を撮れるようになっている．通常の CAT では，X 線発生装置と検出器が患者の体のまわりを回転する．撮影された像はコンピューターに蓄えられ，1917 年に数学

者のヨハン・ラドンによって開発された「フィルター補正逆投影法」とよばれるアルゴリズムによって人体内部の3次元的な像として再構成される．

シンクロトロン放射光も臨床応用されている．シンクロトロンX線はいくつかの特徴を持っている．イタリアのトリエステにあるElettra加速器では，X線の屈折効果を利用して高解像度の「位相コントラスト」画像を得ることで，放射線の線量を低く抑えつつ，画像の品質を向上させることに成功している．

放射性核種を用いた画像化技術は1950年代に，放射されるガンマ線を検出する特殊なシステムを利用して開発された．ガンマカメラとよばれるガンマ線検出器は平坦な結晶面を利用し，光電管と組み合わせてデジタル信号をコンピューターに送り，画像を再構成する．画像は患者の組織や臓器における放射性トレーサーの分布を見せてくれる．この手法では，低いレベルの放射性物質を体内に投与する．心臓の異常を診断するなど重要な利用法があり，患者への線量は同様のX線検査と同程度である．しかし，放射性の医薬品が体の中に少しの間は残るので，空港やそのほかの設備など，監視員が非合法の放射性物質の持込みや持出しをチェックしている場合には，警報を鳴らしてしまうおそれがある．

放射性医薬品を利用した検査法は100を超え，骨や，肺，腸，甲状腺，腎臓，肝臓，膀胱などの臓器の検査に用いられている．これらの検査法は，特定の臓器が特徴的な化学物質

を取り込むことを利用している．たとえば，甲状腺機能亢進症の診断は甲状腺にヨウ素が取り込まれることを利用している．そのほか，心臓の負荷，腫瘍の骨転移，肺の血栓の診断などに適用されている．多くの放射性医薬品にはテクネチウム–99m（励起状態にあるテクネチウム–99のこと．mは「準安定的な（metastable）」の意味．半減期6時間でガンマ線を放出する）が用いられている．この放射性核種は心臓や脳，甲状腺，肝臓などの画像診断や機能検査に用いられる．テクネチウム–99mはモリブデン–99から抽出される．モリブデン–99の半減期はテクネチウムよりもずっと長く，輸送も容易である．テクネチウム–99mの利用は核医学検査の80％を占め，その数は1日4万例に上る．放射性医薬品にはこのほか，短半減期のガンマ線を放出するコバルト–57，コバルト–58，ガリウム–67，インジウム–111，ヨウ素–123，タリウム–201などが用いられる．

単一光子放出コンピューター断層撮影（SPECT）では，ガンマカメラが回転して，異なる角度からの画像情報を集積し，3次元画像を再構築する．SPECTで用いられるトレーサーには，心臓の負荷検査に用いるタリウム–201（半減期73時間で135 keVと167 keVのガンマ線を放出する）がある．この放射性核種はいまやテクネチウム–99mに広く取って代わられつつある．そのほかの放射性核種にはヨウ素–123（半減期13時間），心筋の虚血部位を示すヨウ素–123や，急性心筋炎の部位を同定するのに用いられるガリウム–67（半減期78時間）などがある．

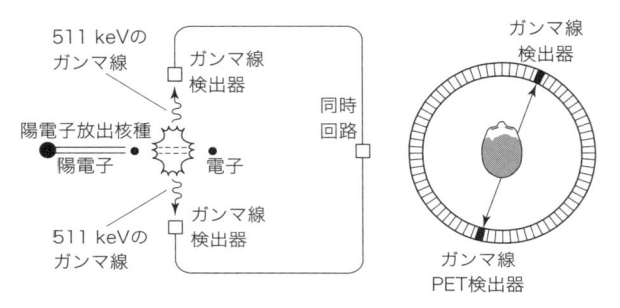

図 17 陽電子放出断層撮影法の原理．トレーサーから放出される陽電子は，電子と衝突して消滅する際に 2 本のガンマ線を放出する．このガンマ線が PET 検出器で検出される．

　陽電子放出断層撮影（PET，図 17）は，診断に用いられる最先端の画像化技術で，基本的な考え方は 1950 年代に開発されたが，実用化されたのは 1970 年代はじめのことであった．この手法は，フッ素-18，ガリウム-68，ヨウ素-124，炭素-11，窒素-13 アンモニア，酸素-15 などのトレーサー核種が壊変に伴って陽電子を放出することを利用している．

　フッ素-18 は最も広く用いられている放射性核種であるが，半減期が 2 時間もないので，これを製造するためのサイクロトロンが病院の近くに必要である．

　トレーサーとして用いる核種は，生物学的に活性のある分子に標識したかたちで患者の体内に投与される．陽電子は発生するやいなや，電子と反応して消滅する．陽電子と電子の静止質量（511 keV ずつ）はエネルギーの等しい 2 本のガンマ線として反対方向に飛び出す．ここで生じるエネルギーと

消滅する質量とは，よく知られているアインシュタインの式，$E = mc^2$ で関係づけられる（エネルギーは質量 m と光の速度 c の2乗をかけたものに等しい）．

組織の中で発生した2本のガンマ線は十分なエネルギーを持っているので，患者の体の外に飛び出して，同時に PET 検出器に到達する．検出器からの電気信号はデジタル化されて，コンピューターに送られ，このコンピューターが放射性核種の分布の時間変化を示す3次元画像をつくり出す．こうして組織の動的な機能についての情報が得られる．

PET を使えば，私たちが目を覚ましているときに，脳のどの部位がどのように働いているかを知ることができる．脳の働きを取りしきっている化学プロセスを詳細に調べることもでき，疾患に関する特徴的な情報を得ることができる．

PET が登場する前には，医師は脳の異常や障害については死後の解剖によって診断するしか方法がなかった．X線 CT が脳の静的な構造についての詳細を示してくれるのに対して，PET は脳の働きの動的な姿を示してくれる．PET 画像はしばしば，同じ部位の X 線 CT 画像と補い合って，放射性医薬品が組織へ取り込まれる位置をより詳細に決めることを可能とする．

がん治療

1898年にアンリ・ベクレルは自分の腹部に発赤（皮膚の炎症）があることに気づいた．彼はマリー・キュリーから贈られたラジウムのチップをチョッキの腹部のポケットに入れておいたのが原因ではないかと考えた．ピエール・キュリー

はベクレルに，放射性物質を反対のポケットに入れてその仮説を確かめてはどうかと助言した．この助言に従ったところ，あらたな場所に発赤が現われた．ピエールは自分でも「実験」をした．偉大な洞察力で，彼は，放射性物質ががんなどの病気の治療に使えると確信した．

　パリのサン＝ルイ病院の医師アンリ・ダンロスは，放射線源を治療に用いた先駆者の一人であった．1901年にピエール・キュリーから貸与されていたラジウムを，慢性的な自己免疫疾患であるエリテマトーデスの患者の治療に使った．

　しかし，それよりも早く放射線を治療に用いたという報告がある．1986年，ウィーンの放射線科医レオポルド・フロイントが，たった1年前に発見されたばかりのX線で患者を治療していたのだ．患者は50歳の女性で，背中には体毛の生えた大きなアザがあった．治療は5年続けられ，成功した．患者は重度の潰瘍に悩まされたものの，75歳まで定期的に検査を受け，予後は比較的良好であったという．

　今日では，放射線によるがん治療には普通，腫瘍に的を絞ることのできる外部からの放射線が使われる．がん細胞は放射線による障害に対して感受性が高く，その増殖を制御したり，場合によっては完全に停止させることができる．

　直線加速器（LINAC，2章参照）で発生する高エネルギーX線は，コバルト-60からのガンマ線（図18）に代わって，多くの治療施設で用いられている．LINACはマイクロ波で加速された電子ビームを標的に衝突させ，さまざまなエネ

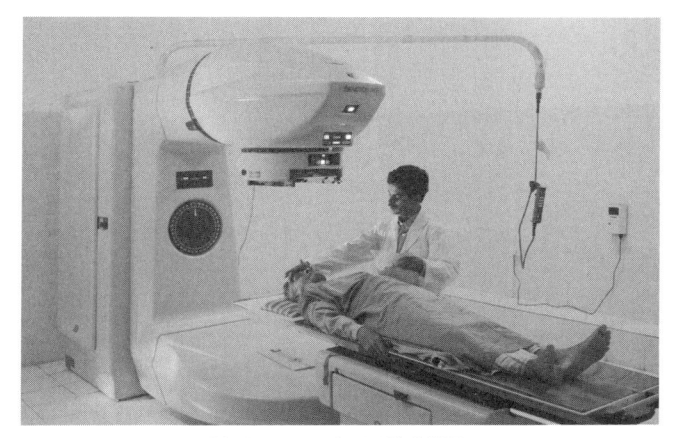

図 18　コバルト-60 治療装置.

ギーの光子をつくり出す．光子ビームは腫瘍の形にあわせて調整され，さまざまな角度から照射される．

　X線やガンマ線のおもな問題は，人間の組織に与える線量が，深さとともに，指数関数的に減衰することだ．つまり，放射線が腫瘍に到達するまでに，かなりの割合の線量が周囲の組織に吸収され，障害を起こしたり，二次がんのリスクを高めたりするのだ．したがって，深部に存在する腫瘍に対してはさまざまな角度から照射して，健康な組織への線量は低く抑えつつ，必要な線量を与えなければならない．

　必要な線量を，深部にある腫瘍に高い精度で与えるという課題は，陽子や炭素などの高エネルギーイオンの絞ったビームを用いることで解決できる可能性がある．陽子線治療の考

えは，マンハッタン計画に加わった物理学者の一人であるロバート・ウィルソンによって展開された．ウィルソンは1946年に「高速陽子の放射線医学への利用」に関する論文を発表した．当初，医学界からの反応は冷めたものだったが，40年後には，カリフォルニアのロマリンダ大学病院で陽子シンクロトロンセンターが建設されるに至った．いまでは，ヨーロッパ，米国，日本などに，30を超える陽子や炭素を用いた治療センターがある．

X線やガンマ線とは異なり，一定のエネルギーのイオンの飛程は決まっている．そのエネルギーの大部分は，イオンが物質の中を通過するうちに減速した後，停止する直前に放出される（図19）．したがって，イオンのエネルギーを調整すれば，正常組織への影響は最小限に抑えつつ，大部分のエネルギーを腫瘍に与えることができる．イオンビームは体の中を通過するうちに広がることがないので，ミリメートルの精度で腫瘍の形に合わせることができる．

炭素のような原子番号の大きなイオンは，腫瘍細胞に対して，より大きな生物作用を有しているので，線量を下げることができる．ただし，イオンビーム治療施設はいまだに非常に高価である．建設にかかる費用は数億ポンドの桁で，運転も容易ではない．イオン加速器にパルスレーザーを使うなど，より安価な設備を開発しようとする努力が続けられている．

場合によっては，外部からの照射に代わって放射性核種を腫瘍に直接投与する治療法が有効となるかもしれない．甲状

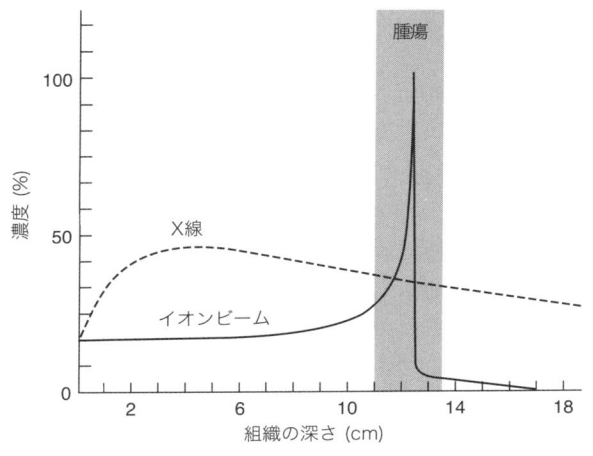

図19 生体に侵入したX線，あるいは高エネルギーイオンビームの線量の深度分布．

腺がんの治療に用いられるヨウ素–131のようなガンマ線放出核種もある．また，イリジウム–192は何種類かの腫瘍に適用されている．この場合，線源は，標的の近くのカテーテルを通して挿入される（小線源治療）．オージェ電子を放出するインジウム–111（半減期28日），あるいはベータ線放出核種のレニウム–188（半減期16.9時間），ストロンチウム–89（半減期50.6日）は骨がんの痛みの緩和に用いられている．

転移した腫瘍細胞の場合には，外部照射は役に立たない．したがって，治療は細胞レベルに移行せざるを得ない．承認されているがん治療法では共通して，イットリウム–90（半減期64時間）などのベータ線放出核種が用いられている．

しかしながら，これらの核種は個々の細胞のレベルで適用することは適当ではない．単一の細胞を殺すのに，何千という数の粒子が必要だからだ．

アルファ粒子を放出する核種は，このような場合に最善の選択肢かもしれない．アルファ粒子はそのエネルギーが5〜8 MeVで，典型的には生体の中で50〜90 μmの飛程を持っている．これは細胞の大きさと同程度である．アルファ粒子は局所的にエネルギーを放出するが，それは1個の粒子で細胞の核を破壊するのに十分だからだ．アルファ粒子は，ベータ粒子の数千倍にも達する大量のエネルギーをその飛跡に沿って与える．これは通常，線エネルギー付与として定量化される（1 μmあたりのkeVで表す）．たとえば，5 MeVのアルファ粒子と1 MeVのベータ粒子のLETは，それぞれ95 keV/μmと0.25 keV/μmである．イオンビーム同様，アルファ粒子はそのエネルギーの大部分を飛跡の最後の部分で与える．この部分での生物学的な影響は大きい．

アルファ線放出核種による最初の臨床試験は，ビスマス-213を用いて行われた．この放射性核種は，トリウム-229の壊変でできるアクチニウム-225（半減期10日）の娘核種である．半減期が45.6分と短いので，この放射性核種は患者に投与する場所で製造しなければならない．ビスマス-213を用いた治療の対象は，メラノーマ，グリオブラストーマ（脳腫瘍），骨髄性白血病などである．ビスマス-213から放出されるアルファ粒子のエネルギーは8.735 MeVで，人の組織中の飛程は85 μmである．初期のLETは61 keV/μm

で，飛跡終端近くでは 1 μm あたり 250 keV のエネルギーを与える．したがって，必要な線量は十分に腫瘍細胞に与えられる．

ワシントン大学の研究グループでは，アルファ線放出核種であるアスタチン–211 を検討している．アスタチン–211 はサイクロトロンで製造できる．半減期はわずか 7.2 時間なので，放射能は急速に減衰し，患者に副作用が生じることは少ない．アスタチンは細胞の DNA 程度の大きさのカーボンナノチューブに充填されて，細胞に送り込まれる．抗体によってがん細胞の場所を確認し，結合して，放射性核種を細胞の膜に移す（放射線免疫療法）．卵巣がんと膠芽腫を対象とした臨床試験が進められている．

ホウ素中性子捕捉療法（BNCT）は，特別に標的を定めた化学–放射線療法である．この技術では，ホウ素が腫瘍細胞に与えられ，中性子ビームを当てることによってホウ素から荷電粒子が放出される．ホウ素の安定同位体であるホウ素–10 で標識した化合物を，腫瘍 1 g あたりにホウ素–10 が 30 μg となるように患者の静脈から注入する．化合物は腫瘍細胞に選択的に取り込まれるものを選ぶ．腫瘍の照射には，原子炉や加速器で発生する熱外中性子（1 eV〜10 keV）が，減速材で速度を落としてから用いられる．熱中性子のエネルギー（0.025 eV）に達した後で，中性子はホウ素–10 と反応して，アルファ粒子とリチウム–7 をつくり出す．リチウム–7 はそのエネルギーを反応場所から 10 μm 以内に与える．この手法は脳内の膠芽腫で治験が行われている．

イタリアのグループが，肝転移のある2例の患者を対象として，BNCTの臨床応用を実施した．その手順は，ホウ素-10化合物を患者に投与し，外科的に肝臓を摘出したうえで，原子炉からの熱中性子を照射し，そして最後に肝臓を再移植して戻すというものだった．二人のうち一人の患者は術後すぐに亡くなったが，2番目の患者はその後，ある程度の生活の質を維持して44か月生き延びた．

毒素を追う

　放射性核種は，医学生物学の分野で何十年にもわたって，特定の分子の中に取り込ませ，トレーサーとして利用されてきた．放射性核種による標識には，壊変の計数に適している短寿命の放射性同位元素が選ばれてきたが，3章で見たような加速器を用いた質量分析法の開発により，長寿命の放射性核種も利用できるようになった．AMSは，放射性炭素を用いた高精度の年代測定により，何千年も昔の遺体を測定したことによって古生物学に革命をもたらしたが，現在生きている人間や，実験動物の体内の放射性炭素の測定によって，医学生物学の分野にも大きな影響を与えている．

　AMSでは放射性同位元素の壊変を待つ必要がないので，迅速に分析を行うことができる．また，より少量の放射能で済むので，組織の放射線被ばくを減らすことができる．「現在」の炭素-14の同位体存在比（炭素-14と炭素-12の比，1 ppt［1兆分の1］）であれば，およそ1万の放射性炭素イオンを1分以内で測定することができる．AMSはアルミニウム-26やカルシウム-41など，医学生物学分野で関心の高い

長寿命放射性核種の分析にも効率的に利用することができる．

ローレンス・リバモア国立研究所では，ある種の発がん物質とDNAとの結合について，AMSを用いた分析が進められている．調理した肉の中にppb（10億分の1）のスケールで生じるPhIPとよばれる発がん物質を，非常にわずかなレベルの放射性炭素で標識してマウスに投与して分析するのだ．従来の技術では，1億食のハンバーガーに相当する量を用いなければDNAとの付加体を検出できなかったが，AMSを使えば，たった1個のハンバーガーからPhIPとDNAの付加体を検出することができたと報告されている．おそらく驚くには当たらないが，低用量の場合と大用量の場合とでは，発がん物質の除去の早さに決定的な差がある．さらに重要なことに，AMSを使えば，わずかな量のPhIPが臓器に到達する量と除去される量とを，時間を追って分析することができるのだ．

これらの方法のおかげで，分析のために体に投与する薬物や栄養素，環境中の毒素はpmol（ピコモル）からmmol（10^{-12}〜10^{-3} mol）というごくわずかな量で済むようになった（図20）．分析の対象を分離し，精製した後の量はfmol（フェムトモル）からzmol（ゼプトモル）（10^{-15}〜10^{-21} mol）となる[*1]．

たとえば，アルミニウムが消化管や血管からどのように吸収され，代謝されるかを調べる実験が行われた．6人の被験

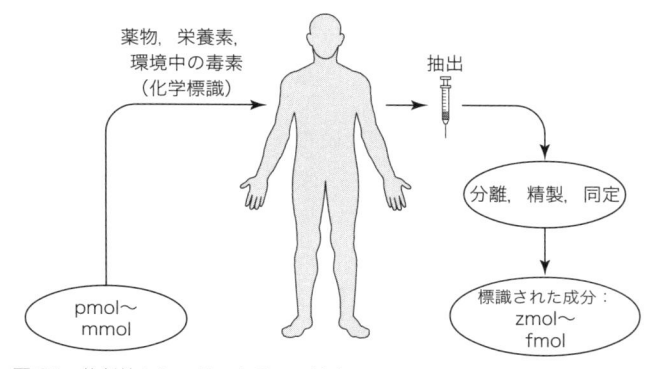

図20 放射性トレーサーを用いる検査では，放射性核種で標識した物質を投与し，体内の臓器や特定の部位に蓄積する様子を調べる．半減期の長い核種を AMS で測定することにより，長期間にわたる検査が可能となる．

者に，100 mL のオレンジジュースに混ぜた 100 ng（70 Bq）のアルミニウム-26 を摂取させたところ，その体内では 80％のアルミニウムが 10 日間のうちに，残りはゆっくりと排泄された．最初の量の 100 万分の 1 の量は 1000 日経っても残っていた．

シドニーの研究グループは，飲料水に含まれたアルミニウム-26 が血流に入り，血液脳関門を通るまでの時間を測定した．この研究の目的はアルミニウムとアルツハイマー病の関係を明らかにし，水の運搬や処理にアルミニウム化合物を使用することの危険性を評価することであった．この研究では，1 回曝露の場合でも，ごく微量のアルミニウム-26 が直接脳の組織に入り込むという結論が得られた．したがって，長期間には，アルミニウムを使って処理された飲料水からア

ルミニウムが人の脳に取り込まれ，人によっては，健康に影響を与えるかもしれないと示された．

カルシウムの代謝は，骨粗鬆症など骨の病気の理解を目指す研究の焦点である．カルシウムは食品から小腸を通しておよそ30％が吸収される．骨への沈着と再吸収バランスが崩れると骨粗鬆症になる．以前は短寿命の放射性同位元素カルシウム-47（半減期4.5日）とカルシウム-45（半減期163日）がトレーサーとして使われた．しかし，長期にわたる骨粗鬆症の影響は，このような半減期の短いカルシウムの放射性同位体を使っていては研究できない．長期にわたる研究では，カルシウム-41（半減期10万4000年）が重要な役割を果たす．ただし，AMSによる分析が欠かせない．

1990年に，更年期の女性における骨の再吸収の研究の中で，研究志願者に125 ng（320 Bq）のカルシウム-41が投与された．預託線量[*2]は50年でわずかに1.42 mSvであった．自然放射線のバックグラウンドである毎年2.4 mSvに比べるとわずかな線量であった．このように微量のカルシウムではあったが，AMSを用いた分析に必要な尿の量はわずか1 mLであった．しかも，分析は1時間のうちに終了した．長期にわたる検討の中で，尿中のカルシウム-41が6年間にわたって測定された．閉経前後の骨密度も合わせて測定され，女性の一生の中で食事とホルモンレベルが骨の再吸収に及ぼす影響について検討するとともに，この手法の妥当性についても検討されている．

細胞の年代測定

1950〜1960年代にかけて行われた大気圏内核実験によって，大量の放射性炭素が環境中に放出された．1963〜64年の炭素-14の濃度は，北半球では核時代の前に比べて2倍のレベルに達した．核実験禁止条約が1963年に署名されてからは，生物圏と海洋の間の炭素循環のおかげで，放射性炭素の濃度は半減期15年で減ってきている．数年のうちに，環境中の放射性炭素は核時代前のレベルに戻るであろう．「核実験パルス」の特徴は，大気，年輪，堆積物，氷のコアなどに刻まれている炭素-14の記録を調べることでとらえることができる．この効果は南半球ではやや影響が小さいようだ．

科学者たちは，1950年代以降を生きてきた生物における細胞のターンオーバー率を年単位，十年単位の時間スケールで測定するために，核実験に由来する放射性炭素の一過性の増量と，その後の減衰を利用している（図21）．

細胞の中の染色体は環境から炭素-14を取り込むため，生きている細胞の中の炭素-14の濃度は，それが形成されたときの大気中の炭素-14の濃度を反映している．最後の細胞分裂後は安定なゲノムDNAが，AMSによる放射性炭素の分析に用いられた．

たとえば，炭素-14の核実験パルスを利用した脳の細胞の年代測定により，人の言語と知性が宿るとされる大脳新皮質では，出生後にニューロンがあらたに形成されることはないことが証明された．ただし，これは，1％というAMS分析の精度の中での結論である．この精度で分析するために必要

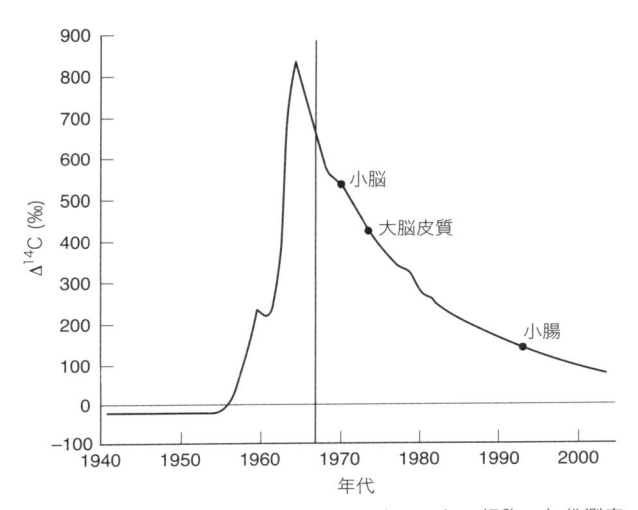

図21 放射性炭素の核実験パルスを用いた，ヒトの細胞の年代測定．曲線は，環境中の炭素-14の割合を，宇宙全体の平均値との比較で示したもので，単位は千分率．たとえば，図中の値100は，炭素-14の割合が平均値よりも1000分の100（すなわち10％）高いことを示す．核実験による炭素-14の大気中への放出により，その割合は1950年代後半から上昇し，1963年にピークを示した後しだいに低下している．1967年（図中の縦線）に生まれた人の細胞のゲノムDNAに含まれる炭素-14の割合は，その当時およそ670のレベルにあったはずである．もしも，細胞の置き換わりがないとすれば，この値が維持されるはずだが，実際にはその後新しい細胞と置き換わるので，各臓器における炭素-14の割合は，環境中の炭素-14の割合の低下を反映してしだいに低下する．細胞の置き換わりの程度が大きいほど炭素-14の割合の低下も大きくなる．

　現時点で1967年生まれの人の小脳，大脳皮質，および小腸のゲノムDNAの中の炭素-14の割合を調べたところ，図中にそれぞれの点で示した値を示した．小腸における炭素-14の割合は低く，細胞の置き換わりが速やかに起こっていることを示している．これに対し，小脳での炭素-14の値は大きく，1970年のレベルに留まっており，小脳では，細胞の置き換わりの割合が小さいことを示している．

な 30 μg の炭素を得るために，1500 万の細胞から DNA が抽出された．この手法を用いれば，重要な臓器において細胞の再生がどう行われているかや，加齢に伴ってどのように変化しているかに関する全体像を描くことができる可能性を秘めている．

海馬において神経の新生がないこととアルツハイマー病の関係や，目のレンズにおける細胞のターンオーバーと白内障の関係，心臓における線維状の物質の進展と心臓の機能の喪失など，病理的変化の起源も確認できるかもしれない．

* 1 1 mol は物質の量を表す言葉．12 g の純粋な炭素-12 に含まれる原子数と同じ数を含む物質の量を 1 mol とする．
* 2 ［訳注］体内に取り込まれた放射性物質は半減期に従って減衰するとともに代謝され，体外に排出されて次第に減少しながら長期間に渡って放射線を出し続け，周囲の組織にエネルギーを与え続ける．このようなかたちで長期に渡って受ける線量を積分した線量のことを，預託線量とよぶ．

第 5 章
放射線を利用した製品や装置

産業の現場でも，家庭でも

　産業界ではさまざまな課題に対処するために，放射線や放射性物質を利用した計測装置が使われてきた．その歴史は60年以上にもなる．放射性のトレーサーは，その挙動を調べようとする物質と同じようにふるまうので，これが関わる化学反応や物理的なプロセスを追跡することができる．たとえば，水素-3（トリチウム）で標識した水は水の追跡に，炭素-14で標識した二酸化炭素は二酸化炭素の追跡に用いられる．放射性トレーサーを用いた方法の原理は，まず，調べようとする物質の流れの入り口でトレーサーを添加し，その後，出口でその濃度を測定することだ．日用品の製造の過程では，厚さや水分などのパラメーターを測定するために密封線源が用いられる．

　放射能や放射線を利用した技術の応用範囲は，鉱山，石

油,エネルギー,化学,製紙,セメント,エレクトロニクスの分野から,自動車産業や宇宙産業にまで及んでいる.

石油産業では,石油の埋蔵量を調べるために,領域横断的な最先端技術の必要性がますます高まっている.減少しつつある石油の残存量を回復させるために,放射性のトレーサーをはじめとして,あらゆる利用可能なツールを駆使することが欠かせない.地下の石油の埋蔵層は,不均一な多孔質の物質の中を何種類もの性質の異なる液体が流れるという,非常に複雑なシステムである.このため,それぞれの液体の挙動を記述するための分析モデルが開発されてきたが,モデルを検証するためには,流れの速さなどの重要なパラメーターを直接測定する必要がある.

ほかにも,固体廃棄物を焼却することによる金属の環境中への放出に関連した特殊な放射性のトレーサーの利用がある.廃棄物の焼却の過程で生じる焼却灰には高いレベルの銅と亜鉛が含まれていて,環境問題を引き起こしかねない.ガンマ線を放出する銅-64と亜鉛-69mを用いて銅と亜鉛の排気中への移行の様子を調べ,施設を運転する際のパラメーターを分析することで,汚染の放出を最小に抑えるような運転方法の決定に一役かっている.

排水処理のプロセスは複雑で,排水の流れによってその効率が大きく影響を受ける.このため,汚水処理の最適化のために放射性トレーサーが利用されている.臭素-82やテクネチウム-99mは,少量を汚水に加えることにより汚水処理の重要なパラメーターの評価をしやすくし,汚染物質の除去の効率向上に役立っている.

汚水処理のさまざまな段階で汚水の流れを調べるために，放射性トレーサーを用いた3次元画像化技術の開発も進められている．SPECTなど医学分野で用いられる技術が検討されているが，コストがかかりすぎるため，日常的に用いるには至っていない．

　密封放射線源を用いた装置が，紙や金属箔，あるいはプラスチック膜の厚さを監視し管理するために用いられている．測定対象は，放射線源（通常はベータ線を放出する核種）とベータ線を連続的に測定する検出器の間を動いていく．製紙工場ではタリウム–204（半減期3.8年）が最もよく用いられる．タリウム–204は比較的高エネルギー（864 keV）のベータ粒子を放出する．対象物の厚さが変わるとベータ粒子の量が変化し，検出器からの電気信号も変化することになる．変化が起こると，検出器を監視しているコンピューターが自動的にローラーの圧力や間隔を調整する．この方法はメンテナンスが容易で，しかも検査対象を傷つけることがない．

　土壌の水分量を測定するのには，中性子を用いた測定装置が利用されている．中性子は水素のような軽い原子と強く相互作用するので，土の水分が多いほど，通過してくる中性子の量が少なくなる．同様の技術は，道路を建設する際に道路の表面の密度を測るのにも使われる．

　X線撮影やCTなど，医療の現場で日常的に使われている技術が，産業の分野，とくに非破壊検査の分野でますます用いられるようになっている．非破壊検査によってコンテナやパイプ，構造物の壁面や溶接部など重要な部分の欠陥を見つ

けるために，ガンマ線源のイリジウム-192，セレン-75，イッテルビウム-169が用いられる．中性子画像技術は，飛行機のタービンの羽根など金属の大きな部品の検査を行う際に，ほかの手法によって得られる情報を補うかたちで用いられている．大きな厚い部品では，透過するために高エネルギーのX線が必要となるが，それでは薄い部分に対して十分なコントラストが得られないからである．

コンピューターの性能や，中性子デジタル画像処理技術，中性子の発生技術などの進展のおかげで，中性子断層撮影法も開発が進んでいる．しかし，コストが高いことが，商業ベースでの利用を妨げている．

一方，電離放射線（一般的にはガンマ線）は，日用品や医薬品の滅菌にも使われている．すでに3章で述べたように，食品照射も利用の一つである．この場合にはおもにコバルト-60が使われる．放射線は寄生虫や細菌を殺し，多くの食品の保存期間を延長する．

最近のさまざまな製品の製造者は，製品の性質を向上させるために電離放射線を利用している．焦げつかないフライパンでは，コーティング素材を基盤に固着させるために放射線が照射されている．肌や髪の化粧品やコンタクトレンズの溶液は，アレルゲンや刺激性物質を除くためにガンマ線で滅菌される．ダイヤモンドやアメジストなどの宝石は，その色彩を変化させるために加速器や原子炉からの放射線を照射される．

私たちになじみのある製品にも，放射線あるいは放射性物質が利用されている．コピー機は，静電気を除くために小さ

な放射線源を備えている．火災報知器はアメリシウム-241（典型的には 0.9 µCi，3.33×10^4 Bq）を利用している．小型の電離箱が連続的にアルファ粒子を検出し，放射線源と検知器の間に煙が侵入すると検知器の電流が減少し，警報を鳴らすしくみだ．

20 世紀の最初の 10 年間には放射能を利用した製品は広く普及したが，必ずしも有益な応用ばかりではなかった．ニュージャージー州のラジウム・コーポレーションは，ラジウムと水とのりを混ぜた夜光塗料を開発し，大規模なビジネスを展開した．こうした放射性塗料は，時計や戦闘機の機器の文字盤など，暗いところでも読む必要がある文字盤に用いられた．文字盤塗装に携わる女性作業員は，このような塗料の筆を舌でなめて塗装作業を行った．そのため，多くの人が放射線に長期にわたって被ばくし，死に至った．

古きよき時代には，何も知らない大衆が放射能は無限のエネルギーを生み出すだけでなく，治療効果や美容によい効果があると信じ込まされており，さまざまな放射性製品が市場に登場した．

「Radithor」は，米国のウィリアム・ベイリー・ラジウム研究所という企業で製造された有名な清涼飲料水で，ラジウムを含む蒸留水でつくられていた．同社はまた，男らしさを高めるための放射線内分泌刺激装置と称して，夜の間に陰嚢の下に置いておく，ラジウムを含む紙でできた器具も売り出した．ラジウムやそのほかの放射性核種の恩恵を高めた製品としては，「Tho-Radia」という美肌クリーム（図 22），フラ

図 22 当時，治癒効果や美顔効果があると考えられていた，トリウムやラジウムを含む美顔クリーム．フランスでは 1930 年代に人気を博した．

ンスの「Doramad」という歯みがき粉，そしてドイツで第二次世界大戦の間に販売されたラジウムチョコレートなどがある．「ビタラジウム」という商品名の座薬は，コロラド州デンバーのホームプロダクト社から販売された．ボヘミアのヒップマン＝ブラックベーカリーでは，ヨアヒムスタール鉱山からのラジウム溶液を使ってパンを製造した．ヨアヒムスタールのラジウムケマ社では，頭痛のときに飲むように，ラドンを直接コップに加えるように設計されたラジウム線源を製造した．1950年代初期に原子力エネルギー研究所玩具社から米国で販売された玩具には，少量の放射性物質が含まれていた．

その後，放射性物質に対する誤った熱意は薄れ，人々と環境を防護しようとする動きが強まるに従って，必要のない放射線を利用した消費者向け製品は市場から排除されていった．

宇宙にて

宇宙探査の中で，温度が絶対零度に近い−270℃にもなる深宇宙では，宇宙船を推進させ，熱と電気をつくり出すために，放射性核種を利用した機器が用いられている．

重さ50 gに満たない，2〜3 cm程度の大きさの，プルトニウム–238を利用した放射性同位元素ヒーターユニット（RHU）が開発されている．プルトニウムから放出されるアルファ粒子はセラミックスの中で止められ，熱を発生する．それぞれのユニットがつくり出す熱量は1 Wにすぎないので，現実には多数のユニットを使う必要がある．RHUは宇

宙船の中で，太陽のエネルギーが得られない場合に，機器が機能するように暖めておくために用いられる．

飛行の制御やデータ通信のために，コンピューター制御がなされた数多くの機器には電力が欠かせない．宇宙船に搭載され，ほかの惑星での分析に用いられる装置の数はますます増えている．これには放射性物質を用いた小型の分析装置や，センチメートル大のスペクトロメーターが含まれる．硫黄の同位体をその場で分析して生命の痕跡を探るために，木星の凍りついた衛星エウロパに送り込まれる予定の装置はその一例だ．宇宙船が太陽から非常に離れたときに必要な電気の供給には，放射性同位元素熱電発生装置（RTG）が選択される．

RTGにはプルトニウム-238が用いられ，発生する熱は，温度勾配が電位差に変換されるゼーベック効果を利用して電気に変換される．数台のRTGのパッケージは動く部品を使わずに，数十kWの電力をつくり出すことができる．すでにこのようなシステムは，アポロ，ボイジャー，パイオニア，ガリレオ，そしてユリシーズなど数々のミッションの中で使用されてきた．ガリレオは8年間にわたる木星への旅に備えて，120基の放射性同位元素ヒーターユニットと，2基の熱電ジェネレーターを搭載していた．NASAが火星に送り込んだ先端科学機器を搭載した900 kgの探査機キュリオシティは，プルトニウム-238の壊変を熱源とするRTGを駆使して，赤い惑星を探査している．

過去を探る

　中性子放射化分析や蛍光陽子分析，あるいは蛍光X線分析などの放射線技術を用いた痕跡元素の分析法を使えば，黒曜石の道具から土器，さらには大理石の彫刻に至るまで，考古学で関心が高い人造物の材料が何なのかを明らかにすることができる．

　1936年にジョージ・ド・ヘベシーによって開発された中性子放射化分析の手法は，中性子で照射することによって，物質に特徴的な放射線が誘導されることを利用する．蛍光分析では，まず陽子やX線が原子の内殻電子をはじき出す．より外側の軌道の電子がより低いエネルギーレベルに移動する際に，元素に特有の特性X線が放出される．

　これらの方法は一般的に，対象物を破壊しないで済むので，考古学者や美術館の学芸員がまず第一に望むことに応えることになる．

　イタリアのフィレンツェにある核物理研究所とパリのルーブル美術館は，絵画などの文化遺産の分析に取り組んでいる．

　たとえば，原子核技術はルーブル美術館において，ドイツの画家，アルブレヒト・デューラーによる1521年の画集に光を当てた．陽子の照射で誘導された蛍光放射線によって検出された痕跡元素から，用いられている画材の起源や作品が描かれた時代を含めて，彼の創作の経緯が明らかとなった．

　フィレンツェでは，科学者たちが古代の文書を分析した．

インクに含まれる銅や亜鉛，鉛の含有量を分析することによって，ガリレオ・ガリレイの運動の法則を発見した当時のノートの時代測定をすることができた．ガリレオはノートに日付を記入していなかったので，この分析はとくに有用であった．

　人類にとって重要な転機となる時期を正確に定めようという絶対年代測定の手法は，時間に依存した自然放射線の作用を利用している．二次宇宙線が岩に衝突することによって生じるベリリウム–10やアルミニウム–26のような長寿命核種は，岩や，これを材料とした人工物の年代測定に利用されている．熱ルミネセンス(TL)や光励起ルミネセンス（OSL），電子スピン共鳴（ESR）による年代測定はいずれも特定の結晶の中に蓄積した放射線の作用を利用している．そして，始原放射性核種からの生成物の蓄積が，カリウム–アルゴン法やアルゴン–アルゴン法（後述），そしてウラン壊変系列を用いた年代測定（ウラン–鉛法，後述）の基礎となっている．

　考古学や環境科学の分野では，炭素–14が年代測定に最も広く使われている．米国の物理化学者でマンハッタン計画にも参加したウィラード・リビーは，1946年に放射性炭素を用いた年代測定の手法を開発した．そして「炭素–14を用いた考古学，地質学，地球物理学などの科学分野における年代測定法」に対してノーベル賞が与えられた．リビーの仕事は，核兵器開発の中で使われていた同位体濃縮技術を，放射性炭素による年代測定の研究に適用して，シカゴの下水のメ

タンの中から希少な放射性核種を発見したことがきっかけであった．

炭素-14 は成層圏で，宇宙線の中の中性子と窒素が核反応を起こすことでできる．

$${}^1_0n_1 + {}^{14}_7N_7 \rightarrow {}^{14}_6C_8 + {}^1_1H_0$$

この核種はその後酸化されて，大気中の安定な二酸化炭素と混じり，生物圏と平衡状態になる．動物や植物は，光合成と代謝の過程を経て大気中の炭素を取り込む．取り込まれた炭素の同位体比は大気のものに近い．二酸化炭素が取り込まれて，光合成によって有機物に固定されると大気から隔離される．安定な炭素-12 と炭素-13 がその濃度を維持する一方で，炭素-14 は次の式のように壊変はするが，補充されることはない．

$$ {}^{14}_6C_8 \rightarrow {}^{14}_7N_7 + e^- + \nu^-$$

リビーは有機物の年代を，電離箱を使って有機物中に残っている炭素-14 を測定することによって評価した．放射能は非常にわずかであり，二次宇宙線がさらに測定を複雑なものとした．彼は共同研究者と協力して，高度なシステムをつくり上げた．二次的なミューオンが検出器に入ってくると，測定器のスイッチを切るというものであった．これによって測定の感度が大幅に高められた．

放射性炭素を用いた年代測定の次なる大きな進展は，すでに 3 章で述べた AMS による，原子の直接計測法の発展だっ

た．現代の AMS 分析では，数 μg の炭素の試料があれば，1時間以内に分析が完了する．また，1 mg の試料があれば，5万年以上も前の試料の年代を測定できる．

放射性炭素による年代測定は，第四紀後半という時間スケールの中においても正確で直接的な測定結果を提供することによって，考古学に革命をもたらした．また，以前は近東の歴史的記述と比較するしかなかったヨーロッパの有史以前の研究にも革命をもたらした．放射性炭素は，トリノ聖骸布の年代，ミケーネ文明終末の時期，アイスマンの年代，ネアンデルタール人の絶滅やヒトのオーストラリアへの到着など，考古学上の謎に光を当てている．これらの話題には 8 章でまた触れる．

また，放射性炭素の「核実験パルス」を利用すれば，1 年以内の誤差で時間的な情報が得られるので，有機物を対象とした過去 60 年間にわたる時代の特定を高精度で行うことができる．

犯罪捜査科学の分野では，これは被害者の死亡時刻の特定に利用されている．最も適しているのは，骨，骨髄あるいは毛髪などに含まれる脂質など，炭素の代謝が速い試料である．

炭素-14 の核実験パルスは，アヘン，コカインなどの不法ドラッグの時代特定にも用いられ，ドラッグの売買に関与する犯罪組織に対する捜査当局の活動に役立っている．また，

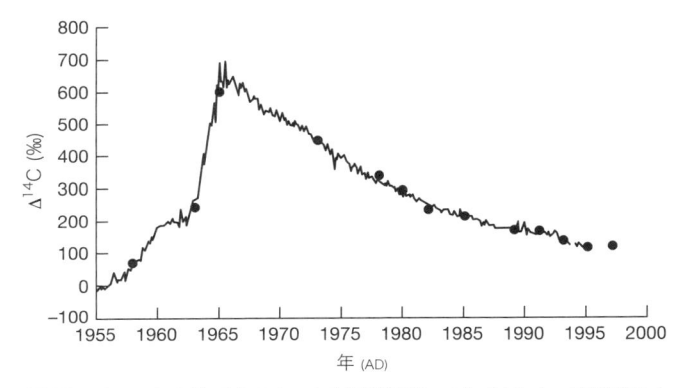

図 23 オーストラリア産ワインの放射性炭素レベル(点)と,南半球の大気中の放射性炭素濃度(線)の比較.

ビンテージワインを検証し,天然,人工を問わず,添加物の有無を明らかにすることもできる(図 23).

第6章
放射能の脅威

　2007年にブラジルのリオデジャネイロで開催された第15回パンアメリカン競技大会では，検問所の警備員たちが見慣れぬ器具を腰につるしていた――個人用の放射線検出器だ．このような高感度放射線検出器は，放射線に対する第1の防御線であった．第2の防御線はより高度な，放射線核種分析器だ．これを使った捜査は，放射能やゲルマニウム検出器，ガンマ線スペクトルなどについて豊富な知識を持つ放射線防護の専門家が行うことになっていた．

　放射線検出器のアラームが鳴った人は，警備員に付き添われて，精密な分析器で念入りに検査を受けることになる．もしも次に掲げる項目に一致したときには，検査は第3の段階に移る．

(1) 放射性核種が医療に用いられたものではない場合．
(2) 中性子が検出された場合（これは核物質が存在することを示している）．

（3）線量率が，当局が定めた基準，1時間あたり100 mSv を越えている場合．

本人と乗ってきた車や所持品は隔離され，さらに詳細な検査を受ける．放射線の計測や防護，環境評価などの専門家で構成される現場対応チームによる，ガンマ線，アルファ線，中性子線などの計測器を使った詳細な調査が行われることになる．

放射性物質に関わる犯罪を防ぐための方策も決められた．大会会場を取り巻く空き地はすべて，車に搭載したガンマ線測定器でチェックされた．サッカー場は核種の同定ができるガンマ線や中性子線の検出装置とGPS（位置を確認する装置）を背負ったスタッフがチェックした．

大会がはじまる前にはすべての会場がチェックされた．さまざまな場所でバックグラウンドのベースラインを測定して，自然の放射線レベルの変動が確認された．コンクリートはほかの建材よりも高い値を示した．

リオデジャネイロ地区にはブラジルの原子力施設の大部分が集中している．原子力発電所が2か所，ウラン濃縮施設が1か所，研究炉が4基，原子力研究施設が6施設などである．また，ブラジルで用いられる医療や産業，研究用の密封線源の70%がこの地域にある．これらの施設は保有している放射性物質や核物質が核テロに使われかねないので，警備レベルを高めるように要請された．核医学検査を受けている患者は，使用している核種と量を記した証明書を携帯するよう指示が出された．

競技会の間，検出器のアラームが 42 回鳴った．そのうち 40 回は核医学検査を受けた患者によるものであり，2 回は誤作動であった．現地対策チームの出動が要請されたのは 3 回だけで，公衆への脅威という点ではいずれも誤報であった．

2008 年の北京オリンピック，2010 年のサッカーワールドカップ南アフリカ大会などの大きな公開イベントの際にも，IAEA の援助のもと，同様の警備体制が敷かれた．

ピエール・キュリーは，すでにノーベル賞受賞講演で放射能の負の側面を言い当てていた（15 ページ）．その発見から 1 世紀あまりを経ても，放射能は脅威と疑念をもたらし続けている．

核のジレンマ

1945 年 8 月 6 日，午前 8 時 15 分，原子力の時代の幕開けは，広島への「リトルボーイ」と名づけられた原子爆弾の投下により，広く知らしめられることとなった．ウラン–235 を用いたこの爆弾は TNT 火薬 2 万 t 分に相当し，一瞬のうちに 7 万人の命を奪った．3 日後の 8 月 9 日には「ファットマン」と名づけられたプルトニウム爆弾が長崎に投下され，同様の数の人々を死に至らしめた．同年 7 月，米国のニューメキシコ州アラモゴードで行われた最初の核爆発実験が成功した後，マンハッタン計画の指導者であったロベルト・オッペンハイマーは次のように語った．「私は死神となった．世界の破壊者となってしまった」．広島・長崎の原爆投下の

後,彼は次のように書き残した.「物理学者は決して忘れてはいけない原罪を知った」.

それ以降,広島と長崎のキノコ雲は,放射能を利用しようとするときにいつも暗い影を落としている.

戦後,米国以外の国々も核開発を進めた.ソ連が最初のプルトニウム爆弾の実験を行ったのは 1949 年,最初の水爆実験は 1953 年だった.その後,英国(1952 年),フランス(1960 年),中国(1964 年),インド(1974 年)などが「核兵器クラブ」に加わった.その後もメンバーの数は増えている.

同時に私たちの社会の別の分野では,生活を大きく変える可能性を秘めた,原子力や放射線の平和利用が進められた.
米国原子力委員会の初代長官のルイス・シュトラウスは,1954 年に米国科学記者協会で行ったスピーチの中で次のように述べている.「私たちの子どもの世代は,無料で提供される電気エネルギーを利用した生活を満喫するであろう」.原子力が家庭や産業や,交通などのエネルギーを供給することへの期待は大きかった.

原子力時代の米国の漫画は,放射能の光と影の二面性をよく表していた.フィクションの世界のスーパーヒーローたちにとって,放射線は有害でもあり,有益でもあった.スーパーマンはクリプトナイトの放射線によって命の危険にさらされたが,スパイダーマンがその能力を手に入れたのは放射能

を持つクモに噛まれたからだった．ガンマ線はブルース・バナーを超人ハルクに変えた一方で，宇宙線はファンタスティック・フォーに超能力を与えた．漫画の作者たちは，あのマリー・キュリーよりも放射能に取りつかれていたように見える．

原子力や放射線に関する科学は，その期待に完全に応えるには至っていないが，戦後，放射線が産業，医学，農業など幅広い分野で利用されてきたことは間違いない．

IAEA の 50 周年にあたり，事務次長のデービッド・ウォルターは次のように語っている．

> ……原子力の平和利用を推進しつつ，同時に武器技術の拡散をいかに抑えるかが，ますます重大となっている．これこそが，かつての，そして現在も続く原子力のジレンマである．

この問題は以前からはっきりしていた．1953 年に米国大統領ドワイト・アイゼンハワーは，国連に対して，「平和のための原子力」というプログラムの立上げを提案した．そして，社会，経済的に重要な原子力の平和利用を推進する一方で武器競争を抑制するという，二つの側面のミッションを持つ IAEA の設置を提案した．

何年にもわたる外交交渉の中で，国際社会は核兵器の開発を制限するためのあらたな法的枠組みをつくり上げた．この「核兵器の不拡散に関する条約（核兵器不拡散条約：NPT）」は，1970 年に署名された．この条約のもとで，加盟国は原

子力の平和利用を展開する一方で，核兵器の製造をしてはいけないとされている．当時の核保有国（米国，ソ連，中国，フランス，英国）のおもなもくろみは，現状を維持し，核廃絶に向けて真剣に取り組むことなく，核兵器を彼ら少数の国だけのものとすることにあった．しかし，NPT は完全に成功したとはいえず，「核兵器クラブ」のメンバーは増えていった．また，インド，パキスタン，イスラエルは NPT に調印しなかった．北朝鮮は一度は調印したものの，2003 年に脱退している．リビアやイラクなどの国々は NPT に調印したものの，実現はしなかったが核兵器開発を検討していた．イランの核開発についての議論はいまだに続いている．南アフリカは，アパルトヘイトの撤廃へ向けて，1960 年から 1980 年にかけて製造した六つの核兵器を自ら放棄した唯一の国である．

　1960 年代はじめから 1990 年初頭までの間に IAEA が実施してきた国際的安全保障のしくみによって，あらかじめ宣言された用途以外に核物質が転用されないことが保証されるようになった．この伝統的な安全保障の手法は，核に関する数量管理に基礎を置き，封じ込めと監視技術がこれを補うかたちになっている．1990 年代の初頭以降，国際的安全保障システムは，隠された核物質や核兵器製造がないことを担保する方向で強化されつつある．IAEA は，安全保障に合意した国々の線源に偽りがなく，完全であることを担保する番人の役割を期待されている．

　警備強化の一環として，IAEA は環境試料の収集と分析を

実施している．核兵器をつくるには高度に濃縮されたウラン（あるいはプルトニウム）が必要なので，ウランの同位体比の異常は濃縮のまぎれもない証拠となる．プルトニウムを取り出すために使用済み核燃料を再処理すると，核分裂生成物とアクチノイド同位体が生じ，周囲の環境に放出される．AMS で検出可能な環境試料中のヨウ素-129 とウラン-236 は，秘密裏に行われている核活動を発見するうえで重要な役割を果たす．

核の番人のためのあらたな武器

原子炉の中のウランやプルトニウムの分裂に伴って生じる，中性子が過剰な分裂片からは，反ニュートリノが持続的に放出されている．燃料棒にはウラン-238 とウラン-235 の両方が含まれるが，このうちウラン-235 が分裂を起こす重要な核種である．ウラン-238 の一部は中性子を吸収してプルトニウム-239 となる．プルトニウム-239 は分裂して分裂片をつくり出し，反ニュートリノを放出する．

原子炉から反ニュートリノが最初に検出されたのは 50 年前のことであった．のちに，反ニュートリノの検出によって，核物質を原子力から核兵器製造へと秘密裏に転用する動きを察知し，核の安全保障の役に立つのではないかと考えられた．IAEA は封じ込めと監視を進めているが，費用もかさみ，時間もかかる．原子炉の運転中に放射性核種の収支を把握することができれば，非常に効率的であろう．これが反ニュートリノ観測によって可能になるのだ．

反ニュートリノの計数率は原子炉の熱出力に比例する．こ

れは，反ニュートリノの計数率とウラン–235の分裂が比例することによる．また，反ニュートリノは，炉の燃料の組成を反映する．これは，ウラン–235とプルトニウム–239では反ニュートリノの放出率が異なることに由来する．分裂するごとに放出される反ニュートリノの数は，ウラン–235で平均1.92，プルトニウム–239で1.45である．反ニュートリノの計数率は炉の燃料サイクルが進み，ウラン–235が減り，プルトニウム–239が増えるに従って一定の割合で減少し，炉にあらたにウランが補給されるとふたたびもとの値に戻る．

米国サンディア国立研究所とローレンス・リバモア研究所で試験されている反ニュートリノ検出器は，ガドリニウムを添加した液体シンチレーターである．

シンチレーターに含まれる陽子に反ニュートリノが衝突すると，陽電子と中性子ができる．陽電子はシンチレーターの中でただちに閃光を発し，電子とともに消滅して2本のガンマ線を生じ，これがさらに光を引き起こす．3000万分の1秒ほど遅れて中性子がガドリニウムの核に捕らえられて，さらにガンマ線を生じる．このガンマ線が今度はシンチレーターの中でさらに閃光を起こすことになる．この閃光が電子的な信号としてコンピューターに蓄えられて分析される．この特徴的な信号が，ほかの粒子や放射線によるノイズと区別され，比較的まれな核分裂物質からの反ニュートリノの計数に用いられる．

PWR炉から25 mに設置された検出器では，1日あたり

400 ほどの反ニュートリノを検出し，炉の運転の履歴を正確に記録している．これにより，緊急停止や燃料の補充を含めて燃料の状況を把握することができる．

核テロ

過去 20 年の間に政治的な地図が塗り替えられた．民族や宗教に関する緊張が，世界的な社会経済的問題を増強させ，何か所かのホットスポットで紛争を引き起こしている．懸念は，主要な核保有国の一つであったソ連の崩壊後，1990 年代に高まった警告の上に築かれた．2001 年の世界貿易センタービル爆破事件の後，核テロとダーティボム（放射性物質による汚染を引き起こす爆弾）という亡霊が，一般の原子力の利用に対する反対を強めることとなった．IAEA は強力なセキュリティ計画を緊急に構築し，核物質と施設を核テロリストの攻撃から守り，放射能の悪用を防がなくてはならなかった．

IAEA では，核テロに関して四つのシナリオを想定している．(1) 現存の核兵器の盗取と使用，(2) 核分裂物質の盗取あるいは購入と，これを用いた即席の核兵器の製造と使用，(3) 核施設攻撃による放射性物質の放出，そして (4) 不法に入手した放射性物質を用いた「放射能散布兵器」や「放射線発生兵器」の製造である．

核テロに用いる装置を製造するには，高度な専門知識と技術，そして膨大な資金を要する．一般に認められているところでは，核物質と技術情報を入手する最も現実的な手段は，

それぞれの国がすでに保有している施設を悪用するというものである．このため，国際社会の中での核物質の拡散は，これが悪の手先に落ちる可能性が高まるという意味で，とくにここ 20 年ばかり大きな懸念となってきている．

テロリストは原子力施設を攻撃して，人々を放射線に被ばくさせたり，環境を汚染させたりすることができる．しかし，どの国もそのような施設，とくに原子力発電所については厳重な警備体制を敷いている．

では，テロリストたちが放射性物質を入手できるとしたら，どのような施設なのだろうか．また，どれほどの施設が標的となり得るのだろうか．

現在，1 万以上ものコバルト–60（半減期 5.3 年）やセシウム–137（半減期 30 年）の線源が病院で治療に使われている．大部分が途上国で，線源の総量は，何万 GBq（1 GBq = 10 億 Bq）にも達する．

そのほかにも，世界中には 10 万を超える線源がある．多くは病院や産業の現場で使用されているが，IAEA ではその大部分が危険な状態にあるとしている．これよりも弱い線源は 100 万を超える．さらに，2 万 5000 の核兵器と，3000 t の高濃縮ウランとプルトニウム，1000 あまりの発電や研究のための原子炉を持つ施設，そして核物質の処理施設と貯蔵施設を数に加えなければならない．

放射性物質をまき散らす装置，あるいは放射線を発生する

装置をテロに用いることが，最も現実的なシナリオとして考えられている．これらを用いている医療，産業，研究の分野の施設が，犯罪者やテロリストにとって比較的近づきやすいからである．

　放射性物質を散布する兵器は，放射性物質と通常の爆発物を組み合わせて放射性物質をまき散らす．もしも街中で爆発すれば，たいへんなパニックを引き起こし，時間と費用のかかる清掃作業の間，住民は避難を余儀なくされる．

　放射線発生兵器は，放射性物質の設置場所によっては，長期間にわたって，標的に知られることなく線量を与え続けることができる．

　散布兵器にせよ，発生兵器にせよ，多くの人々を殺すとは考えにくいが，大混乱を引き起こすだろう．そのため「大量混乱兵器」とよぶのが適当かもしれない．

　核やそのほかの放射性物質を保護することが国際社会の主要な関心事であり，世界全体での物理的な保護と，放射性物質の収支を確認するシステムを近代化するために多大な努力が払われている．米国や国際機関は，途上国へ技術と財政的支援を提供してきた．G8 グループの国々は，旧ソ連の国々が放射性物質を管理し，保護するために支援している．ソ連では，ストロンチウム-90 線源を用いた RTG が，遠隔地，とくに軍用基地に電気と熱を提供するためによく用いられた．典型的な線源は数百万 GBq でベータ線を出し，数 kW の熱エネルギーを提供し，これが電気に変換される．何百という RTG がシベリアの沿岸の灯台に電力を供給するために

使用された.近年は太陽光や風力エネルギーを用いたシステムに置き換えられつつあるが,いまだに稼働しているものもある.

2001年の世界貿易センタービルを攻撃したテロよりも前には,核分裂を起こさない放射性物質の警備方策は,偶発的なアクセスや窃盗の防止に主眼が置かれていた.放射性物質を用いたテロを深刻に心配することもなく,システムの管理は貧弱なものであった.いまでは多くの国々がこの問題をはっきりと認識しているが,全世界で数千もの管理されていない線源がいまだに存在する.これらの「身元不明線源」は公式の管理下にはなく,表に出てこないものもある.紛失したり,誤って廃棄されたり,盗難にあったものもあるかもしれない.これらがテロリストの武器となることもあり得るのだ.

IAEAでは,税関などで発見された,密輸された放射性物質の出所の分析に特化した核警察研究所を運用している.AMSなどの鋭敏な機器で,微量の放射性物質に含まれるウランやプルトニウムなどの同位体比を決定する.同位体比は放射性物質の過去の履歴を鋭敏に物語る.とくにウラン–236は,ウランを含む試料の履歴を知るうえで有用である.

幸いなことに,放射能は影の側面だけでなく,明るい側面を持つ.放射性物質には宇宙の起源や,人間を含めた地球上の生命の起源を解き明かす力を持っている.いまや物理学者は,ほかの分野の研究者と協力して,幅広い分野の研究に携

わっている．次章では，そのような取組みについて紹介する．

第 7 章

地球の起源と進化を探る

　スイスにある強力な X 線光源から生じた，レントゲンが妻の手を写したときに使ったものよりも何百万倍も強力な X 線ビームを用いて，ガボン南東部で見つかった約 21 億年前の多細胞生物の画像が撮影された．

　シンチレーターと CCD カメラを組み合わせた最新式の検出器を使い，角度を変えて何千枚もの X 線デジタル画像を撮影することにより，センチメートル大の化石化した構造が分析された．この強力な X 線は，円周 288 m のドーナツ型の貯蔵リングの中を，光速に近い速度でまわっている電子からつくり出される．

　このシンクロトロン放射線施設は，スイスのポール・シェラー研究所にある．シンクロトロン放射光は電子の軌道が磁場によって曲げられるときにつくり出される．この作用は 1947 年から知られており，望みのエネルギーの X 線がモノクロメーターで選別され，試料を貫通してシンチレーター検

出器に至る．シンチレーターはX線を可視光に変え，投影画像は顕微鏡の光学系によって拡大され，デジタル化される．高度なプログラムによってミクロの断層像を再構成し，精細な3次元画像が得られる．解像度は病院にあるCTの何千倍も優れている．この分析によって，岩の中に埋もれていた化石が，およそ25〜16億年前の原生代に生き延びようと格闘していた多細胞生命体であることが確認された．

微小な生物を含むアフリカの岩石の年齢は，ウランの放射能を利用して決定された．ウランは，岩が固まるときに形成された，ごく小さいジルコンの結晶の中に微量に存在している．ウラン-238はいくつかの段階を経て壊変し，最終的には安定な元素である鉛-206に至る．鉛-206は，現在の分析技術ではイオンマイクロプローブを用いて高精度に測定することができる．荷電した粒子のビームはジルコンの結晶にマイクロメートル大の孔をうがち，その原子をはじき出す．はじき出された原子は質量分析器に送られると，その質量に応じて仕分けされて，鉛-206の量が測定される．ウラン-238と鉛-206の量の比が試料の年代を示すことになる．

多細胞生物の起源は，進化を理解するうえで決定的に重要だ．ガボンの頁岩の中で，レントゲンとキュリーがダーウィンと出会うこととなった（ダーウィンが亡くなったのは，放射線や放射能の発見のほんの数年前であった）．150年の後に，X線と放射能が，ダーウィンの考えを裏づける重要な情報をもたらす基盤技術を提供することとなったのだ．

この章では，地球の誕生以来の歴史の中で重要な段階について述べることにする．ここでも，放射能や放射線が重要な役割を果たしている．

創世記

ビッグバンから1兆分の1秒後（およそ137億2000万年前），宇宙の温度が1000兆Kであった頃，宇宙は，クォーク，電子，ニュートリノなどの基本的な粒子（および，それぞれの反粒子）の均一な混合物だった．これらの粒子は，高エネルギー加速器で，光速度近くにまで加速した電子や陽子などのイオンビームを正面衝突させることによってつくり出すことができる．CERNの大型ハドロン衝突型加速器は現在のところ陽子同士を7 TeV（1 TeV = 1兆電子ボルト）のエネルギーで衝突させることができる．将来的には14 TeVのエネルギーで衝突させ，ビッグバン直後の状況を再現する計画だ．

あらゆる原子核の構成要素である中性子と陽子が，反粒子との対消滅を逃れたクォークから独立して生じたのは，ビッグバン後の1マイクロ秒から1秒の間のことであった．温度は1兆Kだった．

ビッグバンのおよそ3分後には，温度は10億K以下に下がり，広がりつつある宇宙は核融合炉としての働きを開始し，重陽子，トリチウム，ヘリウムなどの軽い元素が形成された（これが，いわゆるビッグバン原子核生成とよばれる現

図24 宇宙の歴史.

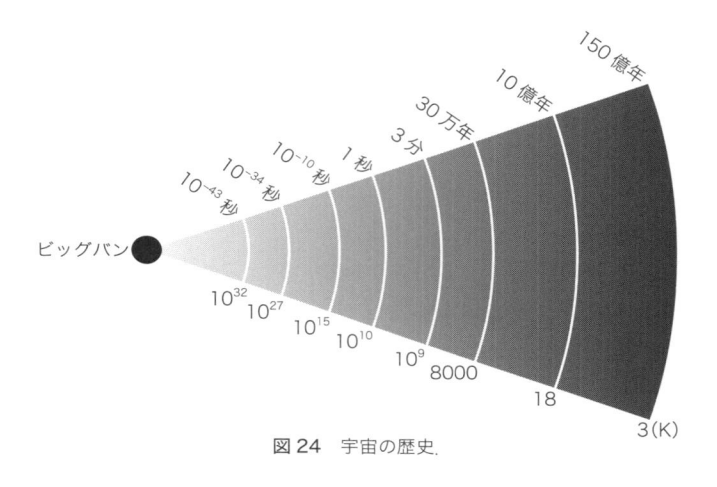

象である).宇宙は膨張し続け,温度は下がり続けた(図24).

核融合反応は,ビッグバンの20分後,温度が3億Kになった頃には収束した.この段階の宇宙の構成は,暗黒物質を別とすれば,およそ75%が水素-1, 25%がヘリウム-4, 0.01%が水素-2,それ以外にごく微量のヘリウム-3,リチウム-6,リチウム-7,ベリリウム-9,ホウ素-11であった.放射性の水素-3やベリリウム-7,そして,もともとはベリリウム-10なども存在したが,すべて壊変してしまっている.

ビッグバンから37万7000年経つと,温度は3000K以下に下がり,電磁気学的力が電子と原子核を結合させて,水素やヘリウム,初期の原子核生成で生じていたほかの軽い元素の原子が形成された.はじめの原子核生成で生じた光子はもはや自由電子で散乱されることがなくなり,宇宙空間の中性

の原子の間を直進するようになった．

この原始の放射を 1964 年に発見した物理学者アーノ・ペンジアスとロバート・ウィルソンは，ビッグバン宇宙論の最も説得力のある証拠を提供することになった．二人は，1978 年に「宇宙背景放射の発見」の功績によってノーベル物理学賞を受賞した．

「暗黒の時代」とよばれる 1 億 5000 万年にわたる穏やかな時代の後，重力が水素とヘリウムを凝集させ，巨大なガスの雲，そして銀河が形づくられはじめた．ビッグバンの 20 億年後には，宇宙は銀河の集団をちりばめた広大な砂漠のようであった．

それぞれの銀河の中では，重力のために物質は凝集を続け，局所的に温度が高くなり，第 1 世代の星々が生まれた．

星の中心部の温度がおよそ 1000 万 K になると，ビッグバン後の第 1 段階と同様に，核力が核子を引き寄せてヘリウムが形成された．核融合は大量のエネルギーを生み出し，星のスイッチを入れ，星が輝きはじめた．

星の中心部で水素が尽きかけると，核融合の力は減り，重力が主要な力となった．星の中心部は崩壊し，外の部分が膨張して星は赤色巨星となった．

質量が大きな星では，進化はさらに続く．星の中心部の温度が 1 億 K に達すると，ヘリウムの融合がはじまり，より重い核が形成される．ヘリウムが使い尽くされると，核の構成は炭素と酸素となった．

重力がふたたび優勢になり，中心部の密度が高まり，温度

が10億Kに達すると，まずは炭素-12が，次いで酸素-16が核融合反応を起こし，ネオン-20, ナトリウム-23, ケイ素-28, リン-31などの重い元素ができる．中心部の温度が40億Kに達すると，ケイ素-28が一連のアルファ粒子反応を介して燃え，鉄族の元素がつくり出される．

鉄の段階に至ると，一連の流体静力学的な核融合は終わりを迎える．鉄を中心としたタマネギ状の構造はこれ以上の核融合を起こすことなく，ついには爆発して，超新星となる．爆発のエネルギーにより，星の中心部では主としてアルファ線と炭素やネオンの反応に由来する中性子の捕獲を介して，鉄よりも重い元素が生み出される．ゆっくりとした中性子捕獲のしくみ（s過程とよばれる）では，中性子は平均10年の間隔で捕獲され，ビスマス-209までの核種をつくり出すことができる．速い中性子捕獲（r過程とよばれる）では，中性子は平均1秒以下のペースで捕獲され，トリウム-232, ウラン-235, ウラン-238およびプルトニウム-244までの核種をつくり出すことができる．トリウム-232とウラン-238の生成比，そしてウラン-238とウラン-235の生成比は，原子核生成速度が一定であると仮定すれば，私たちの銀河の年齢が128±30億年であることを示している．

巨大な星の死である超新星爆発はさまざまな核種を宇宙空間に放出し，そのスピードは秒速100 kmにも達する．爆発の後には，星の質量によって中性子星かブラックホールが残るだけである．

超新星爆発は，たかだか数十億年しか輝かない，非常に大

きな星の最終的な運命である．これに対して，私たちの太陽も含めた小さな星の一生は100億年以上におよび，その核融合の過程をずっと穏やかに終えて，まずは白色矮星に，そして最後には黒色矮星になる．

　天の川銀河の歴史のはじめの数億年の間には，私たちの知る通常の物質を構成するあらゆる元素（炭素，窒素，酸素，ケイ素，マグネシウム，鉄からウランまで）をつくり出した核反応を介して，質量の大きな星が進化した．これらの物質は超新星の爆発によって銀河全体にまき散らされて，宇宙の塵として存在していた．星間物質はやがて凝集して固体の天体となり，その後も塵が集まって，どんどん大きくなった．私たちの太陽系は，銀河の歴史の早い段階で爆発した星々の残骸から，数十億年後に形成された．20万年前に現在のかたちに進化した私たちの体を構成している原子は，かつては大きな質量の星の中心部にあったのだ．

　私たちの銀河や別の遠くの銀河での超新星の爆発によってつくられた高エネルギー陽子とアルファ粒子はいまでも2.7 K（$-270.45\,°\mathrm{C}$）という冷たい宇宙空間を移動しながら太陽系にも降り注いでいる．

宇宙線の反応

　皆既日食が予測されていた1912年4月12日，29歳のオーストリアの医師ヴィクター・ヘスは，検電器を気球に載せて，ウィーンの上空5000 mを超える高さまで上げた．当時としては新しい考え方だった，宇宙からの放射線を確認する

ことが目的だった．

　改良された検出器を用いた20年にわたる放射能の研究の後，多くの科学者は地殻が唯一の自然放射線源ではないことを認識していた．1911年には，ドイツの科学者が検電器をエッフェル塔の頂上に据えつけていたが，残念ながらはっきりとした結果は得られなかった．ヘスはこの不思議な放射線が高エネルギーのガンマ線であり，地表から離れることによって確かめることができると考えていた．気球が上昇するにつれ，1000 mまでは放射線による電離が減少し，その後上昇に転じて，地上のレベルを超えるのを彼は確認した．上空5000 mにおけるレベルは，海面の高さでの2倍だった．彼はまた，日食の影響が見られなかったことから，高エネルギーの放射線が太陽からではなく，銀河の別の源から，あるいはほかの銀河からやってくることを証明した．

　ヘスは1936年に，宇宙線の発見に対してノーベル賞を受賞した．最近，ヘスとも連絡をとっていたイタリアの物理学者ドメニコ・パチーニが，1911年に最初に宇宙線を発見していたとの報道があった．パチーニは空ではなく，海に着目した．パチーニは検電器を銅の箱の中に封じ込めて，イタリアのジェノバ湾やブラッチャーノ湖で数メートルの深さに沈め，放射線量が大幅に減ることを確認したのだ．この発見も，放射線が地殻から来るのではなく，宇宙からやってくることを確認するものであったが，パチーニは1934年に亡くなっており，ノーベル賞を受賞することはなかった．

　ヘスはヒトラーがオーストリアに侵攻してくると，1938年に米国に渡った．原子力時代の幕開けにあたり，彼はふた

たび空からやってくる放射線に関する仕事に関わることとなった．ただし，このときは人工の放射線であった．東西冷戦の中，ニューヨークのエンパイアステートビルの頂上で放射性降下物の測定を行ったのだった．

　高エネルギーの宇宙線（約90%が陽子，約9%がアルファ粒子，そのほか電子やガンマ線など）は，大気を構成している元素（窒素78%，酸素21%，アルゴン0.9%，そのほか）と反応する．宇宙線から降り注ぐ粒子の数はそのエネルギーによって大きく異なる．たとえば，100 MeVのエネルギーを持つ粒子は，毎秒1 m^{2}あたり1粒子程度である．大型ハドロン衝突型加速器でつくられる粒子の1億倍のエネルギーを持つ粒子も含まれるが，その数は非常に少なく，毎秒1 km^{2}あたり1粒子以下である．

　大気と宇宙線の核反応の結果，炭素-14，ベリリウム-10，アルミニウム-26，塩素-36などの長寿命核種も生成する．また，宇宙線と大気の反応の結果，二次宇宙線のシャワーが生じる．その中には地表に到達するものもあり，そこでさらに反応を起こしてあらたな核種が生じる．中性子とミュー粒子は，宇宙線と大気上層部との相互作用のおもな産物であり，地表にまで到達する．中性子は地表から3 mまでの土壌や岩石と相互作用をして，長寿命核種を生成する．高速のミュー粒子の核反応はもっぱら地中深くで起こる．酸素とケイ素が核反応の標的で，それぞれ，ベリリウム-10とアルミニウム-26ができる．塩素-36はカルシウムやカリウムと高エネルギー粒子との反応や，塩素-35の熱中性子捕獲によっ

て生じる．中性子がカルシウム-40 に捕獲されるとカルシウム-41 が生じる．

前章までで見たように，長寿命の宇宙線由来の核種を高感度で分析するには AMS が適している．

宇宙空間では，大気による遮蔽がないので，隕石などの物体と高エネルギー粒子の反応により，高い密度で放射性核種がつくられることがある．

隕　石

1969 年，月で試料を採取して地球に持ち帰ろうとしていたのと同じ年に，大きな二つの岩の固まりが宇宙から飛来し，地球に衝突した．この衝突は科学者たちに，非常に貴重な地球外物質の試料を提供することとなった．一つはメキシコのチワワ州プエブリト・デ・アエンデの近くに，もう一つはオーストラリアのビクトリア州マーチソン近くに落下した．アエンデ隕石のほうは，太陽系の初期の歴史に関する証拠を提供し，マーチソン隕石の分析からは，タンパク質の材料であるアミノ酸が見つかった．これは，地球上の生命の種が，ほかの惑星からもたらされたとする仮説を支持するものであった．アポロ 11 号のミッションが成功するまでは，私たちが手にすることのできる地球外の物質は隕石だけであった．

今日でも，隕石を構成する比較的未分化な物質は，太陽系の初期の段階についての情報を与えてくれる貴重な情報源である．

アエンデ隕石の中からは，ミリメートル大の小さな，白とピンクの「カルシウムとアルミニウムに富む包有物（CAI）」が見つかった．CAI の発見は，星雲の冷却過程についてのモデルに合致するものだった．この包有物は高い濃度でウランを含み，ウラン–鉛法で年代測定が可能だった．

　アエンデ隕石のような隕石の中の CAI の年代は，ウラン–鉛法で 45 億 6720 万年 ± 60 万年と測定された．この結果は，やがて太陽系の星となる成分の固体物質の年代を，高い精度で与えるものであった．ウラン–鉛年代測定法は，地球での試料に対しては 45.50 ± 0.03 億年という値を与える．このことから，私たちの惑星は，地質学的に見て非常に短時間——2000 万年ほどの間に形成されたことになる．この期間，CAI のような原初の固体物質はすべて太陽の周囲をまわり，ぶつかりあっていた．たがいにくっつくこともあり，大きな固まりはより大きくなった．実際にこのようなランダムな過程は，太陽と八つの惑星と何十もの衛星と，望遠鏡で見えるものに限定しても何千もの小惑星を形づくったのだ．そのほかの生成物としては，何十万もの彗星，隕石，惑星間物質やプラズマ（太陽風）などがある．

　アエンデ隕石やマーチソン隕石を含めた多くの隕石は，火星と木星の間にある小惑星帯からやってくる．これらは太陽系の 9 番目の惑星になれなかった原始太陽系星雲物質である．

　太陽系の中を旅しているメートル大の隕石は，銀河からや

ってくるエネルギーの高い粒子（主として陽子）に強くさらされている．宇宙線や，高エネルギー中性子といったその二次生成物は，隕石に含まれる特定の核種と反応して，その時間的経過を調べるには十分な，半減期の長い放射性核種をつくり出す．ベリリウム–10（半減期 138 万年）とアルミニウム–26（半減期 70 万年）は，おそらく最も普遍的に見られる核種である．もちろん，短半減期の核種も落下の直後であれば使える．長半減期の放射性核種であれば，落下後何千年経ってからでも分析に利用することができる．

　宇宙線によって生成する放射性核種は，もとあった天体（小惑星）が破壊されて，天体内部にあった物質が破片となって宇宙空間にむき出しになり，宇宙線に照射されるようになってから，蓄積がはじまる．宇宙線由来の放射性核種の濃度は，宇宙線を受ける幾何学的条件と期間とによって大きく左右される．これらの要因は，その天体がどのようにして衝突し，破片となったかの経緯に依存する．地球外物質に含まれる宇宙線由来の放射性核種を測定することは，宇宙においてこの物体が放射線を受けた歴史を解析するための第一歩である．宇宙線由来の放射性核種から，コンドライト（コンドリュールとよばれる小さな包有物を含む石質の隕石）が数百万年にわたって宇宙で被ばくし続けていたことがわかっている．

　南極の氷原から採取された隕石の中には，月由来とされるもの（ALHA 81005）や，火星由来とされるもの（ALHA 84001）もある．ALHA 81005 の中のベリリウム–10 とアルミニウム–26 の分析結果は，この隕石が宇宙に滞在していた期

間は 10 万年よりも短いことを示しており,月由来であることを裏づけている.

科学者たちは,隕石から取り出した輝石(隕石や,地球の玄武岩によく見られるケイ酸塩)の中につくり出された放射線の飛跡の密度を測定することによって,ALHA 84001 が火星から地球にやってくるのにかかった時間を知ろうと努力した.マーチソン隕石と同様に,この隕石も地球外生命との関連が取りざたされた.

固体の地球の進化

オーストラリアの先住民によると,「夢の時間」とは創造の時であるという.オーストラリア北西部のキンバリーのガジェロン族に,夢の時間にまつわる話が伝わっている.祖先のドゥジブグン(Djibigun)族の一人の男が,ジンミウムという女性と結ばれたいと望んだ.男は砂漠と沼を横切って彼女を追いかけ,ついに捕まえた.その時,彼女は男を避けるために岩になってしまったという.いまでは大きく丸い形をしたこの岩はジンミウムとよばれ,観光名所となっている.科学者は固体の地球の生成について,しばしばオーストラリアの岩を根拠にしつつ,先住民の伝説とは異なる物語を語る.ここでも放射能を用いた手法が大事な役割を果たしている.

45 億 5000 万年前に回転する太陽系のもととなった星雲からしだいに濃縮され,それから形づくられていった地球は,鉄を豊富に含む溶けた金属の核とケイ酸塩,マントル,地表を覆う大気と海溝でできていた.物質が集まって原始地球が

成長するにつれて，内部の温度は高くなった．一部は重力のもとで物質が集まるときに発生する熱のためであり，一部はウラン，トリウム，カリウムの放射能によって生じたエネルギーのためであった．温度が高くなると地球内部は不安定になり，軽く熱い物質は上昇し，沈んでいく低温の物質と入れ換わっていった．最初の何十万年かの間は激しい対流が起こり，4000〜5000 K の成層した核からマントルへと熱を伝えた．場所によっては地殻がマントルから形成されはじめたが，それらは固まるやいなや，プレート運動によってふたたび内部に引き込まれていった．

しかし，オーストラリア産のジルコンという鉱物を分析すると，中には初期の地球を構成していた物質が含まれていた．これらの鉱物は，マントルへの再取込みを受けていなかったのだ．

オーストラリア西部のジャックヒルズ（パースの北，約 800 km）で採取されたジルコンの粒子をウラン–鉛法で調べると，44 億年との結果が出た．これは，地球が形成されて 1 億 5000 万年後には，この花こう岩質の地殻がすでに出現していたことを示している．結晶の分析によって，高温だったにもかかわらず，冥王代とよばれる地質学的年代区分（「地獄の時代」の意）において，地球の表面にすでに水が存在していたことが示された．温度は水の沸点を下回っていたのだ．

それからしばらく経ったおよそ 38 億年前，始生代のはじ

めになると，地球内部が冷めてきたために対流運動は穏やかになり，大陸の地殻が発達してきた．オーストラリアで発見された岩は，最初のバクテリア（細胞核がない原核細胞）がこの時期に，おそらくは海底の熱水噴出孔の近くで進化していたことを示している．バクテリアはその後進化し，西オーストラリアにあるピルバラ地区の岩に見られるように，ストロマトライトとよばれる石灰岩質の小山のような構造を海の環境中につくり出した．この岩石の年齢は，ウラン-鉛法で35億年と測定された．

今日存在するこの時期の最古の岩石は，西オーストラリア，南アフリカ，グリーンランド，そして北米の先カンブリア時代の盾状地にある．これらの岩は，最初にできた深成岩成分である花こう岩と，変成作用によって岩石組織や鉱物種が変化した変成岩であり，その年代は40億年も前にさかのぼる．上に述べた過程の結果，固体の内核と液体の外核，マントル，そして地殻という，現在の地球の成層構造ができあがった．

原生代のはじめ（およそ25億年前）までには，地球の地殻は，現在の月や隕石の物質に似た古い地殻が，より軽いケイ素に富んだ組成を持つ地殻に置き換わっていた．とくに，この軽い地殻はプレートとよばれる独立した板状の要素からできていて，その一部には大陸地殻が含まれる．プレートは，上部マントルの鉄とマグネシウムに富んだより重い岩をおおっていて，プレートテクトニクスとよばれるしくみで動

きまわり，地球表層の変動を引き起こしている．

シアノバクテリアはかなりの量の酸素をつくり出していた．シアノバクテリアから豊富な酸素が海に放出されたことは，ピルバラ地区の先カンブリア時代の地殻に見られる層状の鉄を多く含む地層（縞状鉄鉱層）の生成などから証明されている．これらの地層は，今日ではオーストラリアの GDP に大きく貢献している．25 億年前になると，酸素は大気中にも蓄積しはじめた．それら酸素が紫外線を遮るオゾン層をつくり，また最初の複雑な細胞（真核細胞）を発達させた．真核生物は，今からおよそ 21 億年前に細胞内寄生を経て進化してきたと考えられる．

オーストラリア南部のフリンダース山地からの原生代の岩石は，氷期が 8～6 億年前の間に起こったことを示している．原生代末のエディアカラ紀（6 億 3000 万～5 億 4200 万年前）は，軟らかい体の多細胞生物によって特徴づけられている．エディアカラ紀とこれに続くカンブリア紀の境界も，フリンダース山地の岩の中では，殻やうろこ，甲盤を持った海生生物の登場によってはっきりと区切られている．

その間にも地質学的な進化は続き，陸上の岩石にその痕跡を見ることができる．中央海嶺の割れ目では，上部マントル物質が融けて玄武岩質のマグマを生み出している．これはプレートの発散に伴うプロセスである．外核の回転の結果として生成される地球磁場の向きは，玄武岩質の物質が冷えると

きに生じる結晶に記録されている．地球の磁場の向きは過去32億年の間に変化してきた．磁場のエクスカーションや逆転は，海洋底から押し出された物質の中に記録されている．ここでも放射能による絶対年代の測定が役立っている．1948年，米国の物理学者アルフレッド・ニーアは，カリウム–40がアルゴン–40に壊変することを見つけた．彼は，これは地磁気の逆転が記録されている玄武岩の年代測定に最適ではないかと考えた．この壊変の半減期は12億4800万年で，地球の歴史全体をカバーすることができる．最も新しい磁場の逆転の記録は海嶺の近くに分布しており，最も古い逆転は海嶺から離れた大陸の近くにある．海嶺の両側の地殻の年代は同じだ．これは海洋底が拡大しつつあり，海溝に向かって移動していることの証拠である．

　二つのプレートが出会う沈み込み帯では，一方は他方の下にもぐり込まざるを得なくなる．これが火山活動を引き起こし，地殻の物質をマントルに引きずり込む．沈み込み帯で引きずり込まれる物質は，本質的には海洋の地殻とその上の堆積物である．地球科学的な研究が詳細に行われ，沈み込み帯の火山活動が，引きずり込まれた物質の一部を地球の表面に戻すことがわかった．深海の堆積物には，宇宙線起源のベリリウム–10が高い濃度で含まれている．このことから弧状列島の火山からの溶岩を分析すると，溶岩の中に，沈み込んだ海底の堆積物が含まれていた．この研究によって，沈み込んだ海洋底の堆積物が循環（リサイクル）していることが証明され，その過程にどれほどの時間がかかるのかも明らかとなった．

地球深部物質と表層物質の間の交換サイクルは，地球の冥王代から続いてきた．地殻の岩石は浸食され，海に流し込まれ，結局はプレート運動によってマントルに引き込まれる．そこでは，大陸と海洋の地殻がたがいに削り合っている．このサイクルは，地下 100 km 以上の深さにある，マントルの岩石が融けているリソスフェアとアセノスフェアの境界ではじまる．

地球の年齢

地球の年齢は激しい論争の対象となってきた．17 世紀までは，地球の起源や宇宙の起源に関する議論に参加するのは，聖職者，まじない師，預言者，そして哲学者に限られていた．

たとえば，アイルランドのアーマー州の大司教であるジェームス・アッシャーは聖書にあるアダムの系譜をもとに計算を行い，地球は紀元前 4004 年 10 月 22 日の夕刻につくられたとした．ノアの洪水が魚などを山頂に運び，これが今日地層の中に見つかると考えられていた時代の話だ．

この問題に関する考え方は，18 世紀に進展をみた．しかしながら，その当時の自然科学者からの情報は，アッシャー大司教が提供したものと比べてもさらに不正確だった．たとえば，地質学の父とよばれるジェームス・ハットンは，1785 年にあらたに設立された王立協会の会合で会員の自然科学者に次のように語りかけている．「私たちの惑星は，非常に長い時間にわたる，ゆっくりとした地質学的なプロセスで，今

日私たちが見るような姿に形づくられた．同じ環境の力は現在も，将来の地質学的な景観をつくり出すべく働いている」．

ハットンは次のように結んだ．「地球の地質学的歴史には，はじまりもなく，終わりの見通しもない」．

地質学者は，化石に着目して地層を対比し，地球の歴史を地質学的順序の中で体系づけようとした．ハットンが亡くなった年に生まれた地質学者のチャールズ・ライエルは，たとえばエトナ山の上の溶岩の体積など，特定の地質学的な出来事の期間の長さを評価し，化石を用いて地球の年齢を推定しようとした．1833年には，手に入る限りの情報を『地質学の原理』という1冊の本としてまとめた．この考えは，地球上の生物の進化には長い時間がかかるという，チャールズ・ダーウィンの考えに影響を与えた．ダーウィンはビーグル号で航海をしている間にこの本を読み，インスピレーションの重要な源の一つとなった．

ダーウィンの時代には，地層の順序は，それぞれの時代の化石で特徴づけられ，時代が分類されていた．その底辺には，生命の痕跡がほとんどない先カンブリア時代があった．その次は生物の形態が爆発的に増え，化石化した生物も確認できるカンブリア紀．次に三葉虫が特徴的なオルドビス紀，硬骨魚類が現われるシルル紀，赤い砂岩と魚類，そして最初期の四足生物で特徴づけられるデボン紀が続いた．この時代は裸子植物が進化して，植物が地上にしっかりと根づいた時代でもあった．その後が石炭紀で，空気には大量の酸素が含

まれ，巨大な節足動物や小型の爬虫類の棲息する豊かな樹林に覆われていた．これらが終わると砂漠のペルム紀と三畳紀が取って代わった．乾燥し，気候が変動しがちだったペルム紀の終わりには，地球上の生命の大部分，三葉虫などの海生動物と，爬虫類，原哺乳類などの陸上の生物が急に絶滅した．次のジュラ紀になると，温暖な熱帯性の気候が戻ってきた．この時期には，アンモナイトなどの海の生物が広く繁殖し，恐竜が繁栄した．次の地質学的時代である白亜紀の地層は，地球を覆った大量の微小な藻に由来する石灰岩からできている．小惑星の衝突によって白亜紀は終わりを告げ，第三紀と第四紀が続く．この時期の地層は，岩石を研究している地質学者に言わせると，「ほんの表面の塵」にすぎない．第四紀は更新世と完新世から構成されているが，地球化学的な観点から，人類がさまざまに影響を与えるようになった時代「人新世（アントロポセン）」をそこに加えるかどうかは現在堆積学の専門家の間で議論になっている．

しかし，地質学者だけでは地球の年齢を正確に測ることはできなかった．そこで，長期間にわたって非常にゆっくりと起こる地質学的な過程を測定する手法を持つ，物理学者の助けが必要となった．

当時「自然哲学者」とよばれていた物理学者が地球の年代決定研究に加わったのは，19世紀の半ばであった．絶対温度の単位にその名を残すケルビンは，彼の熱力学の法則に関する知識を総動員して，地球の年代という難問に挑んだ．地球の内部へ向けて温度が高くなることに基づいて，彼は地球

が初期の融けた状態からしだいに冷えつつあると考えた．岩石が融ける温度と冷却の速さがわかれば，地球の年齢を計算することができる．この考え自体は新しいものではなく，アイザック・ニュートンもすでに，地球が冷めるには少なくとも5万年はかかったはずだと推定していた．1760年頃にはフランスの貴族，ジョルジュ=ルイ・ルクレール・ド・ビュフォンは，熱い鉄球を用いた実験を行い，地球は4万2964年と221日かけて現在の温度にまで冷めたと結論した．

　異なるパラメーターを使い，何度も計算を試みた後，ケルビンはおよそ2000万年という数字を得たが，地質学者たちを納得させることはできなかった．また，この結論にはダーウィンも不満であった．ダーウィンの進化論はもっと長い時間の経過の上に成り立っていたからだ．地質学者たちは，地球の年齢を決定するために，地質学的な過程を持ち込んで物理学者を出し抜こうと試みた．具体的には，塩が海に溶けるのに必要な時間を採用した．海洋に溶けている塩分はすべて岩が分解したものと考え，一定の速度で川によって運ばれたと仮定したのだ．彼らは，海水の組成に達するまでにおよそ9000万年かかったとの結果を得た．地質学者たちはこれに，堆積物がたまる速さを仮定して，岩石層ができるのにかかる時間としてさらに2億年を加えた．しかしながら，この結論は仮定が多すぎて，誰も納得させることはできなかった．

　放射能という革命的な発見を引っさげ，物理学者が舞台の中心に戻ってきたのは19世紀が終わろうとする頃だった．地質学者たちは，地球はそれまで考えられていたよりもずっ

と古いと信じていたので,地球は冷える一方で,放射能が地球の内部に熱を与えているという考えを歓迎した.ケルビンの計算結果が若い年齢を示したことにも説明がつき,地球はもっと古いという結論につながるかもしれないからであった.実際,ケルビンが算出した若い地球は放射能による熱を考慮していなかった.また,地球がもっぱら固体であると考えたことも問題であった.

アイルランドの科学者で,ケルビンの助手をしていたこともあるジョン・ペリーは1885年に「ネイチャー」誌に論文を発表し,地球の内部は液体であり,対流によって熱が移動する,と主張した.そして,外側の固体の薄い皮が表面の熱の勾配を長期間にわたって保つという考えを示した.このような前提に立って,ペリーは地球の年齢は20〜30億年と見積もった.

ラザフォードは,ウランの放射能を岩石の年代測定に応用しようとした最初の人物だった.彼は,自らがソディとともにウランの壊変生成物であることを確認した,ヘリウムの蓄積に着目した.ヘリウムは,ウランに富む鉱石中につねに見つかる.1905年,彼はピッチブレンドの試料中のヘリウムとウランの濃度を測定して,その鉱物が5億年前のものであると見積もった.

残念ながら,この新しい年代測定法には限界があった.ヘリウムは気体なので,分析している間に砕いた鉱物から飛散してその一部が失われてしまうのだ.したがって,ヘリウムを用いたラザフォードの方法でわかるのは,鉱物の年齢の最

小値であった．

　こうしている間に，米国の科学者バートラム・ボルトウッドは，ウラン鉱石の中に鉛がつねに見つかることを突き止めた．彼は，鉛がウランの最終産物であることを正しく見抜いていた．

　最初にウラン–鉛法を用いたのは地球物理学者のアーサー・ホームズだった．彼は1911年に，デボン紀のものとされるノルウェー産の岩石の年代を測定し，3億7000万年との結果を得た．彼はそのほかの地質年代の岩石についても分析を続け，16億年前にまでさかのぼる年表をつくり上げた．

　ウラン–鉛法を適用するうえでの主たる問題は，ウランの壊変によらない鉛の共存である．たとえば，岩石中の鉛はトリウムの壊変生成物の可能性もある．また，岩石ができた当初からそこに存在していたのかもしれない．

　アストンは1927年に，鉛には三つの同位体があることを見出した．鉛-206（24.1％），鉛-207（22.1％），そして鉛-208（52.4％）である．彼とラザフォードは，もともと存在したと考えられていた鉛-207は，じつは以前は知られていなかったウランの二つ目の同位体である，ウラン-235の壊変生成物ではないかと考えた．

　1936年に米国の物理学者アルフレッド・ニーアはより進んだ分光器を用いて，最初にできた鉛はさらに別の同位体である鉛-204（たった1.44％）であることを見出した．ここに，鉛の同位体がすべて明らかになり，正確なウラン–鉛年代測定法がついに完成を見たのであった．

　アストンはさらにウラン-235とウラン-238の比という考

えを導き出した．これによってラザフォードは，地球が誕生したときには二つの同位体が同量だったと仮定して，地球の年代は34億年であると計算した．

ウラン-鉛法は，地球の年代測定をさらに進歩させる可能性を秘めている．なぜなら，二つの壊変系列——ウラン-238から鉛-206への壊変と，ウラン-235から鉛-207への壊変の二つを利用することができるからだ．地球の年齢はウランの壊変生成物である鉛-206や鉛-207と，量が変動しない鉛-204との比を用いても正確に決定することができる．この手法を用いることによって，ニーアはいくつかの火成岩の年代が20億年であるとの結果を得た．この数字は，ハッブルら当時の天文学者がアンドロメダ星雲などの銀河が遠ざかる速度に基づいて想定していた宇宙の年齢，18億年よりも古いものであった．その後1950年代になって，ハッブルが仮定していた銀河までの距離が正しくなかったことがわかり，数字の矛盾は解決した．数字の見積もりに誤差があったとはいえ，天文学におけるハッブルの貢献はノーベル物理学賞委員会によって高く評価され，ノーベル賞への推薦手続きが進められていたが，そのさなかの1953年9月28日に彼はこの世を去った．

地球の年代を評価するうえでの最終的な問題は，ウランの放射壊変によって生じる鉛の寄与を決定するために，原初の鉛の組成を知る必要があったことだ．この問題に対する答えは隕石によってもたらされた．

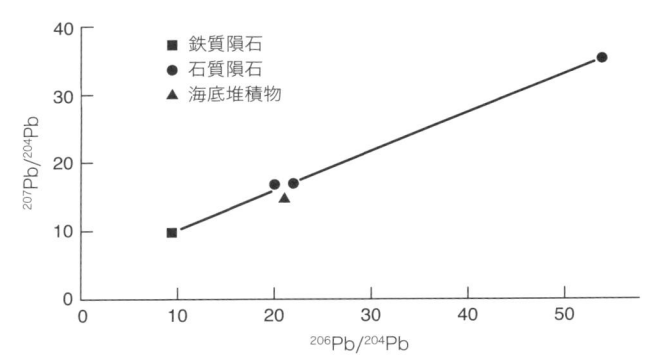

図 25 鉛（Pb）の「等時線」．海洋の堆積物と小惑星の試料を含む直線の傾きが，地球の年齢が 45.5 億年 ±7000 万年であることを示している．

　鉄隕石はわずかな量のウランしか含んでいない．したがって，その鉛は原初の鉛が大部分ということになる．1953 年に米国の地球化学者クレア・パターソンは，アリゾナ州の隕石クレーターをつくった，5 万年前に落下したキャニオン・ディアブロ隕石の中の鉛の同位体組成を測定した．彼は 1956 年，隕石と海洋底の試料における鉛-207 と鉛-204 の比と，鉛-206 と鉛-204 の比の割合が同じ直線の上に乗ることを示す，有名な「アイソクロン（等時線）」グラフを発表した（図 25）．この直線の傾きから，これらの試料の年代がわかる．その値は 45 億 5000 万年で，誤差は ±7000 万年であった．地球の年代決定レースはここに決着をみた．

生命のなごり
　大昔に生息していた生物の化石は古代から知られており，

神話や宗教的な物語の一部をなしている．たとえば，聖書にあるノアの洪水によって絶滅した動物，あるいは竜や，想像上の悪魔の遺骨などと考えられた．もちろん，より現実的な解釈も行われてきた．すでにレオナルド・ダ・ヴィンチは500年前に，化石はかつて海に生息していた生物の遺物であると解釈している．

いわゆる啓蒙主義の到来とともに合理的な考え方が広まると，博物学者たちは化石を，大昔に地球上に繁栄した生物のなごりであろうと解釈した．ダーウィンも，アルゼンチンのバイアブランカで発見されたオオナマケモノなどの絶滅した動物の化石を，種が不変ではないことの証拠として採用した．古生物学者たちは何世紀にもわたって，古代の化石化した骨を研究し，生物が鉱物に変化する過程で，もともとの構成物質に何が起こったのかを理解しようとした．最新科学はこれらの古代の遺物をあらたな目で見るという選択肢を与えている．

物理学者は近年，最新の道具を駆使して，何百万年も前の化石にもとの物質が残されている可能性があることを示している．最新のシンクロトロン放射X線蛍光顕微鏡によって，試料中の痕跡量の微量元素の画像が得られている．

この手法は1億4500万年前の始祖鳥に適用され，その結果，リン，亜鉛，銅が発見された．これらは現代の鳥にとっても重要な元素で，始祖鳥のもともとの組織に含まれていた元素が化石にも見られることが証明されたことになる．

科学者たちは，化石化した恐竜の羽毛にはメラノソームと

よばれる構造があることに気づいた．メラノソームには，羽根の色の原因となるメラニンが含まれる．科学者たちはこの最新技術を使って，1億2500万年前に中国に生息していた空飛ぶ恐竜，シノサウロプテリクスの尾部の羽根の色を突き止めようとしている．

シンクロトロン放射マイクロCT撮影法とよばれる別の分析手法を使えば，恐竜の卵の内部を探り，胚を観察することもできる．小さな恐竜の骨は1 mmの何千分の1，あるいはそれよりも小さな分解能で，仮想的に卵から取り出すことができる．この手法によって，仮想的に化石化した頭蓋骨の切片を作成する可能性が開かれた．もともとの組織の微細構造を調べることで，その恐竜が頭突きを得意とするような頭蓋骨を持っていたのかどうかも知ることができる．この技術はまた，現代の両生類や哺乳類の骨によく見られる，増殖が抑制され，成長がゆるやかになった時期に相当する線状構造を明らかにすることができる．恐竜の寿命も，マイクロCT画像を用いてこれらの線を数えれば，化石を壊さなくても調べることができる．

白亜紀末期まで生息していた恐竜は，後述するK-T大災害によって6550万年前に絶滅してしまった．

恐竜の後
イタリアのグッビオ近くにある美しいボッタチオーネ渓谷では，K-T境界（白亜紀と第三紀を区切る薄い粘土層）が

観光客のお目当ての一つだ．この地質学的な名所は 1980 年，米国の科学者で 1960 年ノーベル物理学賞を受賞したルイス・アルバレスとその息子で地質学者のウォルターが，この K-T 境界層の堆積物を中性子放射化分析によって分析したことにより，さらに有名になった．二人は K-T 粘土層から異常な量のイリジウムを検出したのだ．通常の堆積物の 10〜15 ppt に比べ，3000 ppt という高濃度であった．隕石などの地球外物質は高濃度のイリジウムを含んでいることから，この発見は 10 km 大の隕石が 6550 万年前に地球に衝突した結果と解釈することができる．全地球規模で動植物の多様性が激減するとともに，恐竜もこの大災害で一掃された．いまではこの衝突で，メキシコのユカタン半島にある，直径 180 km のチチュルブクレーターが生じたと広く信じられている．1970 年代に発見されたこのクレーターは，世界各地に見られる K-T 境界のイリジウム層と同じ年代である．テクタイトや衝撃を受けた石英，重力の異常などから，隕石の衝突地点であることが示されている．

白亜紀の石灰岩と K-T 境界の粘土の上には，地質学的な意味で最後の層が横たわっている．6550 万年前にはじまった第三紀は，ほんの 260 万年前にはじまった私たちの時代，第四紀につながっている．

およそ 5000 万年前，地球規模の寒冷化によって地球は熱帯の環境から北極の氷冠が広がった第四紀の氷河時代へと移行した．気温の低下は大気中の二酸化炭素濃度の低下（2000

ppm から 300 ppm）を伴っていた．この冷却は，おそらく温室効果の低下と同時に，プレートテクトニクスによる海流の変化によってもたらされたと考えられている．温度の低下は一様ではなく，短期的には急な温暖化の時期もあった．深海の堆積物に残された記録によれば，深海の温度は，5000万年前の 12 ℃ から，3000 万年前には 6 ℃ に低下した（現在では深海の水温はおよそ 2 ℃ である）．

　全地球的な気候変動は，生物種間の選択を促し，霊長類が分化し，拡散することとなった．

　第三紀の間，ゴンドワナ超大陸は分裂し，インドプレートとユーラシアプレートの衝突をもたらし，ヒマラヤ山脈とチベット高原ができた．南極は現在の位置を占め，ドレイク海峡の急速な拡大の後，南北アメリカがふたたびつながった．ヒマラヤ高地は大気の循環を変化させ，あらたに地表にさらされた岩石は二酸化炭素を吸収し，地球の寒冷化を促進し，多くの地域で厳しい景観をつくり出した．

　最近の発見によれば，最初の類人猿はおよそ 3000 万年前に，今日の（その当時はアフリカとつながっていた）サウジアラビア地域で出現したと示唆されている．地質学的には，ほぼ同時期にアラビアプレートがアフリカ盾状地から離れて，反時計まわりに回転しながら北北西のユーラシアの方向へ移動しはじめた．およそ 1900 万年前，ついにユーラシアとアフリカはつながった．地球はふたたび暖かくなり，数百万年にわたって植生と森林が増加した結果，類人猿はあらたな土地に展開することができた．

何百万年にもわたって，海がユーラシアとアフリカを分けたり，つなげたりする中で，さまざまな類人猿（100種を超える種のヒト上科）はイベリア半島から東アジア，そして南アフリカにわたる範囲に展開した．鮮新世の初期，第三紀の最後の時期に，低温化の傾向がふたたびはじまった．

　260万～1万2000年前にわたる次の時代（更新世）は，「氷河時代」とはよばれるものの，氷河が進展した時期と後退した時期が交互に訪れた．過去200万年の間，氷期の持続期間は平均して約2万6000年であった．これに対して間氷期（寒さがゆるんだ時期）の持続期間は約2万7000年であった．260万年前と110万年前の間は，氷河の前進と後退の時期の1周期におよそ4万1000年かかっているが，ここ120万年に限ってみると，この周期は10万年に延びている．

　安定同位体と放射性同位体は，上に簡単に述べたような地球の気候変動の歴史を再構成する中で重要な役割を果たしている．最近の地質年代の間に，世界的な，あるいは地域的な環境の変化は，私たちホモ・サピエンスを含めた多くの類人猿の出現のための舞台を整えることとなった．過去の環境は氷のコア，海の堆積物，鍾乳石，石炭，そして木の年輪の中に記録されている．すでに絶滅した種も，生存している種も含めて，類人猿の歴史は化石化した骨やDNAの中に書き込まれている．次の章ではこの話題を取り上げて，これまで放射能とその利用を通して見てきた私たちの旅の仕上げとしたい．

第 8 章
人類の起源と歴史を探る

　昔々，今は北タンザニアのラエトリとよばれるところで，大人二人と子ども一人の初期人類が，雨に漏れた火山灰の拡がる地域に足を踏み入れた．火山灰はやがてコンクリートのように固まり，彼らの足跡は，1978 年に英国の考古学者メアリー・リーキーによって発見されることになる．

　おそらく家族と思われる 3 体のヒト族（ホミニン）は，人類の系統樹の枝の一つで，私たちヒトが属しているホモ属の直前の枝分かれに相当するアウストラロピテクス属の一員であることがわかった．体重は 30〜50 kg で，立ち上がると 1.1〜1.4 m ほどの身長であった．アウストラロピテクス類の頭骨の容量は 350〜500 cm^3 ほどで，チンパンジーに近い．

　最初のアウストラロピテクスの化石は，1924 年に南アフリカで，ウィトウォータースランド大学のレイモンド・ダートによって発見された．この種は，ヒトがアフリカで生まれ

たとするダーウィンの独創的な考えを裏づける最初の証拠であった．ダートの発見以降，ほかにも，アウストラロピテクス種が発見されている．エチオピアで発見され「ルーシー」とよばれているアウストラロピテクス・アファレンシスもその一例だ．

　これらの初期のホミニンは，どの時代に生きていたのだろうか．彼らの祖先は何者なのだろうか．どのように進化してきたのだろうか．彼らは本当に私たちの祖先なのだろうか．これらの疑問に対する答えの多くは，放射能を利用した地質年代を探る時計と，放射線を利用した最新の顕微鏡によってもたらされている．

最初のホミニン

　東アフリカのリフトバレー渓谷では火山が頻繁に噴火していた．なぜならプレートの動きがアフリカ大陸を4000万年にわたって引き裂きつつあったからだ．化石を含む火山灰には，放射能を利用して時代を特定できるような物質が含まれている．東アフリカの火山ガラスには高濃度のカリウムが含まれている．不安定な同位体であるカリウム-40がアルゴン-40に壊変していくことを利用して，火山灰がどれほど古いかを調べることができる（カリウム-アルゴン法）．放射性のアルゴンは，火山が噴火したときにすべて大気中に放出されてしまう．そして，火山の噴出物が冷えてアルゴン-40が蓄積しはじめるときに，時計がリセットされることになる．

　アルゴン-40の濃度は，鉱物の試料を加熱して出てくる原

子の数を質量分析器で数えることによって測定できる．試料の年代を知るためには，カリウムとアルゴンの相対的濃度を知る必要があるが，1960年代，カリウムの濃度を分析する巧妙な手法がカリフォルニア大学バークレー校で開発された．試料を原子炉の中で照射すると，中性子がカリウム原子核と反応してアルゴン-39が生じる．このアルゴン-39がカリウム濃度を知る手がかりとなるのだ．アルゴン-39とアルゴン-40は質量分析装置を使えば同時に分析できるので，この手法はアルゴン-アルゴン法とよばれている．

軽石から取り出された単一の結晶からアルゴン原子をレーザーで抽出することによって，年代決定の精度を高めることができる．この手法が最も効果的なのは10万年より古い試料だが，カリウムが豊富に含まれていれば，1万年前くらいまでの新しい試料にも使える．また，地球の年代ほどの古い年代決定に使うことも可能だ．

カリウム-40の放射能を用いた年代測定によって，東アフリカでのホミニンの進化における重要な転換点について，信頼できる年代が特定された．アウストラロピテクスの家族は，その足跡を360万年前の火山灰に残した．これに対して，アウストラロピテクス・アファレンシス（ルーシー）とリーキーの発見したアウストラロピテクス・ボイセイは，それぞれ318万年前と175万年前のものであった．

エチオピアのアファール盆地では，さらに古い二足歩行の女性の骨が発見された．アルディピテクス・ラミダスと名づ

けられ,「アルディ」として知られているこの女性の骨は,2回にわたる火山の噴出物の間にはさまれていた.このおかげでアルゴン–アルゴン法を使うことができ,その結果,年代が440万年前であることがわかった.高分解能のX線CTでアルディの骨を調べた結果,複数の移動手段を持っていたことがわかった.彼女はチンパンジーとヒトの共通の祖先から分かれたばかりだったが,拳を支えにして歩いてばかりいたわけでも(ナックル歩行),樹冠の中をぶら下がって移動ばかりしていたわけでもなかった.彼女の四肢は,木登りだけではなく,地面に立って歩くというあらたな行動習性も可能にする特徴を併せ持っていたのだ.

エチオピアの同じ地域で発見されたアルディピテクス・カダッバの歯は,放射性カルシウムを用いた手法で560万年前のものと特定された.アルディピテクス・カダッバは,ほかのホミニン,たとえば放射性カリウム–アルゴン法により約600万年前と推定されるケニアのオロリン・トゥゲネンシスや,中央アフリカで発見された600〜700万年前のサヘラントロプス・チャデンシスなどと非常によく似ている.これらの年代は,もともとは生物時計の手法[*1]によって推定されたものだが,最近になって,宇宙線を利用したベリリウム–10 / ベリリウム–9年代測定法によって確認された.

ベリリウム–10を用いた年代測定は,すでに5章で取り上げた,放射性炭素を用いた手法と似ている.ベリリウム–10は,大気中で高エネルギーの宇宙線が酸素や窒素と衝突する

ことによってつくられる．この放射性核種がエアロゾルに吸着され，雨や雪が降ると地表に移行する．最終的にベリリウム–10 は堆積物に結合し，そこで壊変することになる．ベリリウム–10 とベリリウム–9 の割合は，堆積物中にごく微量に存在するベリリウム–9 が，ベリリウム–10 と均一に混ざっていると仮定すれば，地質年代測定装置として使える．ベリリウム–10／ベリリウム–9 法によって，サヘラントロプス・チャデンシスの頭骨をはさんでいた二つの堆積層はそれぞれ 683 万年前と 712 万年前のものとされ，それまでの推定年代を確かめることとなった．

これらの初期のホミニンの年代は，チンパンジーと現生人類の共通の祖先が 500 万年から 700 万年前に生息していたとする，遺伝子分析の結果と一致する．サヘラントロプス・チャデンシスの歪んだ頭骨は，高精度の X 線 CT 技術を用いた画像技術によって仮想的に再構成された．その頭蓋底の分析からは，この種が二足で直立していたことが示唆された．

南アフリカのアウストラロピテクス類については，火山由来の物質がないので，アルゴン–アルゴン法を使えない．古人類学者のロン・クラークが 1994 年に南アフリカのステルクフォンテイン洞窟で発見した「リトルフット」とよばれるアウストラロピテクスは，ベリリウム–10／アルミニウム–26 法とよばれる「埋葬年代」の測定手法によって年代が特定された．

ベリリウム–10 とアルミニウム–26 は，大気上層で宇宙線の高エネルギー陽子との反応で生じる二次宇宙線（主として

中性子線とミュー粒子）が，地表のケイ素鉱物を爆撃することによってできる．これらの鉱物が地下数メートルの深さに埋まってしまうと中性子は届かず，ミュー粒子からも遮蔽されて，ベリリウム-10やアルミニウム-26があらたにつくられることはなくなる．放射性核種の量は壊変によって減っていくので，対象の物質が埋もれてからの時間を計る年代測定装置として使えることになる．ベリリウム-10とアルミニウム-26の含有量は，AMSによって測ることができ，その岩が埋もれてから何年経っているかを数百万年のスケールで知ることができる．

リトルフットが埋もれたのは400万年前との結論が出たが，この年数は古磁気学的な年代測定の結果とは一致しておらず，検討課題である．

2006年に，ほぼ完全な幼いアウストラロピテクス・アファレンシスの化石が，エチオピアのディキカで発見された．近くにあった動物の骨を電子線とX線を用いた画像技術で分析したところ，石器による傷痕が見つかった．骨が埋まっていた凝灰岩をアルゴン-アルゴン法で調べたところ，339万年前のものとわかった．これは，ホミニンが肉や骨髄を食べていたという最も古い証拠となった．ごく最近までこのような食性は，エチオピアのゴナ地域で見つかった最も初期の石器から，後期ホミニンが登場した250万年ほど前にはじまったと考えられていた．

アウストラロピテクス類は400万年前から100万年前まで

の間に生息していた，非常に成功した種族である．当時は地質学的な，そして天文学的な力が地球の気候を大きく変化させており，彼らはアフリカで極端な環境の変化にさらされた．

更新世のはじめには，アフリカの気候はますます乾燥して寒冷化し，その景観に壊滅的な影響をもたらした．森林はサバンナとなり，地表がむき出しとなる地域もあった．森に適応した動物の多くは生き残れなかった．進化の選択力は，これまでとは異なる動物種を選び出した．それは，ホミニンの種族の中でも同様であった．アウストラロピテクス・ボイセイもこのような種の一つだ．化石としての証拠は200万年前よりも新しい．それ以前のアウストラロピテクスに比べて平坦な臼歯を持ちエナメル質も厚く，強固な下あごを持っており，"ナッツクラッカーマン（「くるみ割り男」）"と名づけられている．この変化は柔らかい葉や果実から木の実や種子，根や根茎へ食べ物が変化したことに対応しているのだろう．アウストラロピテクス・ロブストスは南アフリカに出現した類似のホミニンで，噛むための強力な筋肉が特有の矢状隆起についており，厚いエナメル質を持つ巨大な臼歯を持っていた．これは，固く繊維質の多い植物を食べるのに適した歯であった．オーストラリア国立大学のコリン・グローヴズをはじめとする何人かの古人類学者は，「頑丈型アウストラロピテクス類（ボイセイとロブストス）」がアウストラロピテクス属に位置づけられるとは考えておらず，多くはパラントロプス属に位置づけようとしている．一方，「併合論者」とよばれているコリンは，アルディピテクスまでさかのぼっ

たホミニンのすべての種をホモ属に位置づけようとしており，この考え方に賛同する遺伝学者もいる．

ホモ属

更新世の時期の気候と環境の変化の力は，ホミニンの食料や生活様式に変化を及ぼし，自然淘汰を促進した．あらたな状況では，より一層の適応能力が求められた．化石の記録から，この重要な時期において，二つ目の方向性が採用されたことがわかっている．容量 600 cm^3 に及ぶ，やや大きな脳を持つホミニンの出現である．

ホモ・ハビリスと分類されている骨の年代は 230 万年前から 140 万年前とされる．このホモ属の種の腕は足に比べてよく発達しており，かなりの木登りの能力を維持していたことを示している．体の大きさはアウストラロピテクスと同等であった．

エチオピアのハダールで見つかったホモ・ハビリスのものとされる石器は，アルゴン–アルゴン法や核分裂飛跡法で年代が測定された．後者の方法は，火山岩や火山ガラスに不純物として含まれるウランの分裂による損傷の蓄積を利用したものである．ウラン–238 の原子核が自発核分裂を起こすと，分裂片は鉱物の中にマイクロメートル大の飛跡を残し，鉱物が地質学的な激しい変動によって生じるような高温にさらされない限り，そこに保存される．このような飛跡は化学的な処理によって可視化することができ，その密度は火山活動が最後に起こってから経過した時間を示してくれる．この年代

測定ではウラン濃度に関する情報が必要だが，これは，試料を原子炉で照射することによって知ることができる．中性子がウラン-235 の分裂を引き起こすことを利用して，鉱物の中のウラン濃度を知ることができるのだ．このような分析の結果，ハダールの石器の年代は 250 万年前のものと示唆された．

南アフリカの古人類学者のチームが最近，ヨハネスブルグ近郊のマラパ洞窟で，あらたなホミニン——アウストラロピテクス・セディバを発見した．ウラン-鉛法によって，その年代は 197 万 7000 年±2000 年とされた．脳は小さく，そのほかにもアウストラロピテクスの特徴を有していたが，その歯，足，骨盤はホモ属を思わせるものであった．頭蓋骨をシンクロトロン放射光によるマイクロ CT 撮影で分析して脳の形を再現すると，やや非対称の前頭葉が特徴的であった．これは，現生人類と同様の特徴である．この分析結果は，ニューロンの再組織化がヒト以前の系統ではじまっており，脳の発達よりも前に言語や社会行動に関わる部位では連絡密度の増加が起こっていた可能性を示唆している．発見者たちは，この種がアウストラロピテクス・アフリカヌスとホモ属の間に位置すると信じているが，ホモ属が必ずしもアウストラロピテクスから進化したものではないと考える学者も多い．

あらたな種，ホモ・エルガスターは，およそ 200 万年前に突如としてアフリカに出現した．ナリオコトメ・ボーイとよばれる化石骨格は身長 1 m 60 cm で，体重はアウストラロピ

テクスのおよそ2倍に達し，脳の容積は900 cm^{3}であった．シンクロトロン放射光を用いたマイクロCT撮影によって1本の歯の微細構造を検討することで，死んだときの年齢が調べられた．その体の大きさからすると意外だが，ナリオコトメ・ボーイは8歳であると推定され，このホミニンがチンパンジーと同じように，早期に成熟することがわかった．歯とほかの骨では，8〜14歳の間で異なる死亡時年齢を示している．このことは，成長期が長くなることが単純な過程ではないことを示している．ホモ・エルガスターはあごの筋肉は小さく，臼歯も小さく，果実や肉など柔らかい食べ物を食べていた．

最も初期のアシュール型石器（ケニア・西トルカナのコキセレイで発見）は176万年前と見積もられた．これはホモ・エルガスターの時代と重なっている．アシュール型石器は，小石から別の石を使って破片をたたき出すことによってつくられている．大部分の専門家は，このホモ・エルガスターの技術はいわゆる発達したオルドヴァイ型（礫石器，あるいはモード1）であると考えている．アフリカの外における最も初期のヒトの痕跡はモード1技術を持っていた．ハンドアックス（握斧，モード2）が出現するのは後になってからのことである．

ホモ・エルガスターは火を使いこなしていたとする専門家もいる．火はホモ・エルガスターにとって，アフリカのサバンナで生き残っていた最後のアウストラロピテクス類（ボイセイとロブストス）や，その類縁であるハビリスやルドルフ

ェンシスを駆逐する,大量破壊兵器となったに違いない.

アフリカの外へ,何度も何度も

　ホモ・エルガスターは,現在知られている限り,更新世のはじめにアフリカから出て,広大なサバンナを横切り,大地溝帯を通って東アジアへと展開していった最初の種であった.ホモ・エルガスターのアジアの変種であるホモ・エレクトスは,分厚い頭蓋骨と扁平な額と突き出した顔が特徴で,インドネシア・ジャワのサンギランで発見され,100万年前と推定されている頭骨の化石にもその特徴が見られる.ほかにも,ジャワのモジョケルトで見つかった子どもの骨の例もあり,これはアルゴン-アルゴン法によって180万年前と推定されている.

　1891年,オランダの医師ウジェーヌ・デュボワは,インドネシアのソロ川の河岸にあるトリニールで,インドネシア最初のホモ・エレクトスの化石を発見した.彼はこの化石が,人類と類人猿の間のどこかに位置する「ミッシング・リンク」であると確信した.この名称はダーウィンの進化論が発表されてから有名になり,メディアにも大きく取り上げられたが,誤解を招きやすい名称でもある.

　デュボワは,トリニールのホミニンをピテカントロプス・エレクトスとよんだ.「直立する猿人」という意味であり,ジャワ原人としても知られている.この発見はヒトがアジアで生まれたという説を支持するものであり,その20年前にダーウィンが著書『人間の由来』の中で主張したアフリカ起

源説とは相容れないものだった．

1930年代に入ると，別の直立する猿人の化石が，中国の北京近郊の周口店地区で発見された．シナントロプス・ペキネンシスとよばれ，北京原人としても知られている．2009年，ベリリウム-10 / アルミニウム-26 埋没時代測定によって，その時代が78〜68万年前の範囲にあることが示された．以前考えられていたよりも20万年も古い数字であった．1950年代にはジャワ原人と北京原人は一つの種，ホモ・エレクトスとしてまとめられた．

ホモ・ハビリスとエルガスターの中間型，あるいはエレクトスの類とされ，ホモ・ゲオルギクスとよばれるホミニンの骨が，グルジアのドマニシで1990年代に発見された．カリウム-アルゴン法による年代は180万年前であった．このホモ・ゲオルギクスと，アジアのホモ・エレクトス，そしてアフリカのホモ・エルガスターの関係はよくわかっていない．ドマニシ人骨の頭骨からは脳の容積が $600\ cm^3$ しかないこともわかり，ホモ・エレクトスあるいはエルガスターの原始的な種と結びつけることができるかもしれない．ドマニシのホミニンの先祖は，アフリカから最初にやってきた移民である可能性がある．

およそ100万年前，古代の人類は広大な範囲に生息し，インドネシアのフローレス島からイベリア半島に至る広大な範囲に分布していた．アルゴン-アルゴン法によると，フロー

レス島の中央部で見つかった遺物を包んでいた火山灰の分析によって，少なくとも100万年前にはこの島にヒトが住んでいたことがわかった．ヨーロッパではホモ・アンテセッソルが最も古いヒトの系統である．スペインのシマ＝デル＝エレファンテ洞窟で見つかった下あごの骨は，ベリリウム–10／アルミニウム–26法で120〜110万年前のものと推定された．これは古磁気学や生層位学[*2]から得られていた年代を確かめるものであった．

ヨーロッパでは，更新世中期の地層にホモ属の化石が多く保存されている．チェプラネンシス，ハイデルベルゲンシス，ペトラロネンシス，シュタインハイメンシスなどで，これらは異なる種とされてきた．しかし，この分類は古人類学者から認められているわけではなく，化石が見つかった地層の確かな時代特定もできていない．

ヒトの化石の記録の解釈については，二つの進化モデルが提唱されている．「多地域モデル」では，現生人類は異なる大陸で独立して，それぞれの祖先となる種から進化してきたとする．集団の間で遺伝子の交配が起こることによって，それぞれの種が同じ進化の流れに乗ることとなる．これに対して「アフリカ起源説」では，現生人類はすべてアフリカに祖先を持つとする．ホモ・サピエンスはおよそ20万年前にアフリカで誕生し，ほかの大陸に移住し，それよりも前に移住していたより古いホミニンの子孫と置き換わったと考える．

　最近の多地域モデルでは，同化のしくみを認めている．こ

の考え方によれば,古中国人は北京原人から進化し,アフリカからの移民と同化したと考える.こうして発生したモンゴロイドはその後,新世界へと拡散していった.古代のジャワのホモ・サピエンスは,アフリカからの人種と混血してオーストラロイドとなり,オーストラリアへと拡散していった.ネアンデルタール人(図26,27)と混血したアフリカ人類は,ヨーロッパと西アジアでコーカソイドとなった.多地域論者にとっては,中期更新世におけるヨーロッパの異なる人種はすべて,ホモ・サピエンスという種の亜種ということになる.これに対して「アフリカ起源説」の支持者にとっては,もともとヨーロッパにいた系統は,進化的には袋小路だったということになる.

2010年にはネアンデルタール人のゲノム配列が明らかとなり,これに伴って極端な「アフリカ起源説」に大きな打撃が与えられた.

多くの古人類学者は,ネアンデルタール人は40万年前にはすでにホモ・ハイデルベルゲンシス(ヨーロッパに移住してきていた,アフリカのホモ・エルガスターの子孫)から進化していたと考えている.一方,アフリカにとどまったホモ・ハイデルベルゲンシスの集団(ホモ・ローデシエンシス)はホモ・サピエンスへと進化した.

ところが驚くべきことに,ネアンデルタール人のゲノムDNAは,アフリカの外の現生人類のゲノムの4%まで寄与をしていることが最近になって明らかとなった.この結果は,クロアチアのヴィンディア洞窟で見つかった,4万3000

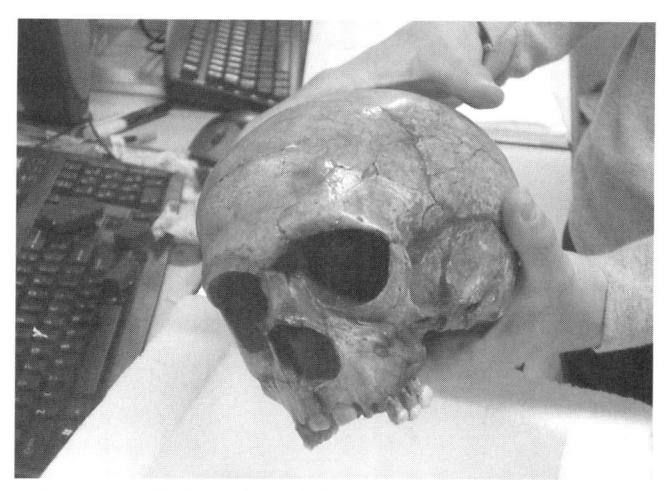

図 26 ネアンデルタール人の子どもの頭骨.フランスのラ・キーナ遺跡で見つかった化石は,死亡当時 6〜8 歳のネアンデルタール人の子どものものであった.

〜4 万 7000 年前のネアンデルタール人の骨から得られたゲノムの 60% の解析に基づいている.この結果は,ネアンデルタール人とアフリカから移住したホモ・サピエンスの間に遺伝子の交配はないとする,極端なアフリカ起源モデルに挑戦状を叩きつけるものだった.

現生人類の解剖学的特徴の起源については,化石と集団遺伝学の見地から,約 20 万年前にさかのぼるというおおよその合意は得られているものの,「現生人類の心」がいつ発達してきたかについては大きく意見が分かれる.実際のところ,解剖学的な現生人類が,行動面でも現生人類になったの

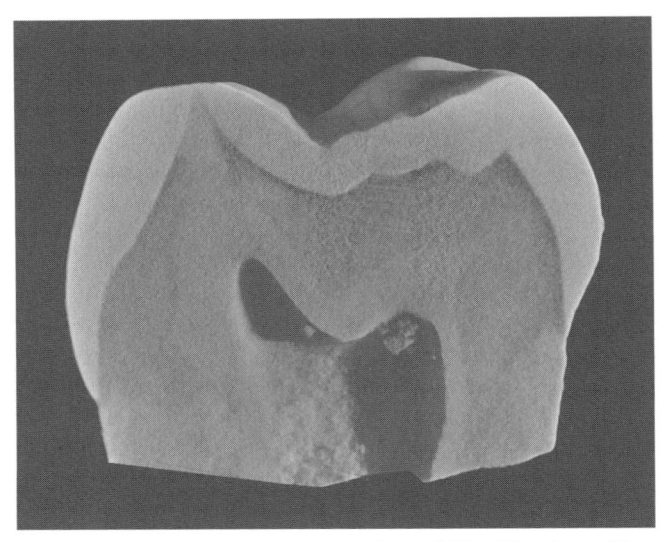

図 27 イタリアのトリエステ・シンクロトロン施設の CT スキャン室にて撮影された，ネアンデルタール人の歯のマイクロ CT 像．仮想的断面図はエナメル質，象牙質と歯髄腔の詳細を示している．

かという疑問は研究者たちを悩ませ続けている．

ヒトの行動の変化に関わる事象の年代決定にも，放射能を用いた手法が役立っている．

最近まで，現生人類の行動は，いわゆる「後期旧石器革命」の時期（ヨーロッパでは 4 万～3 万 5000 年前）に出現したと広く受け入れられていた．数年前に，この仮説は大きく揺らぐこととなった．穴の開いた貝殻と絵画のような図が刻まれたオーカー（赤色の鉄化合物）が南アフリカのブロンボス洞窟で見つかり，ヒトの文化がおそらくもっと早く，少

なくとも7万年前には発達していたことが示されたのだ．

これに加えて，進んだ石器（スティルベイ・ポイントとよばれる）が同じ地域から発見され，その前の時代にはなかった先進技術の存在が示された．技術革新の第2期は，ハウィソンズ・プールとよばれる別の石器技術に代表される．最近の光励起ルミネセンス（OSL）年代測定技術によって，スティルベイの技術は，およそ7万1000年前から，1000年間しか続かなかったことが示された．これに対して，ハウィソンズ・プールの技術はおよそ6万5000年前にはじまり，5000年間続いていた．OSLによる年代測定は，シリコンや堆積物中の長石などの結晶にウランやトリウム，カリウムからの放射線や宇宙線が当たったときに蓄積するエネルギーを利用する．結晶に蓄積されるエネルギーは，結晶が最後に日光にさらされてからの時間に比例する．光が当たると，たまっていたエネルギーは解放されて蛍光を発するが，この蛍光の強さが年代の指標となるのだ．

南アフリカにおける古人類学的な研究と集団遺伝学の研究成果から，人類の技術的革新の時期は，人口が増加した時期に対応していることが示されている．専門家の中には，現生人類が革新的な石器技術と複雑な言語，そして象徴的な概念を携えてアフリカから外へ出たのは，人口が増えた時期のことであろうと考えている．一方，人口の減少と関連させる別のモデルを考えている専門家もいる．

7万4000年前に起こったスマトラのトバ火山の噴火により引き起こされた環境の大災害の結果として，およそ7万

前には，現代人につながる人類の人口は数千人にまで減少した．この噴火は，過去200万年間に起こった噴火のうちで最大のものであった．2700 km^{3}に及ぶ灰を大気中に放出し，世界的な気候の変化をもたらした．この大災害によって熱帯林は縮小し，かろうじて局地的に孤立したかたちで残るだけとなったに違いない．ホモ・サピエンスは海に出ることを余儀なくされたことだろう．

多くの専門家は，ホモ・サピエンスのアフリカからの出発——ホモ・エルガスターやホモ・エレクトスがアフリカから最初に展開した170万年後のこと——は，当時少数ながら共存していた四つのヒトの系統の絶滅に寄与したものと考えている．アジアの最後のホモ・エレクトスの系統とホモ・フロレシエンシス，ユーラシアのホモ・ネアンデルターレンシスとデニソヴァンである．デニソヴァンは謎に満ちたホミニンで，その骨（小指の骨と歯）は南シベリアのデニソワ洞窟で見つかっている．4万8000〜3万年前の間とされる堆積物の中から発見された指の骨のDNA分析によると，この個体は女性で，ネアンデルタール人とも現生人類とも異なる特徴を示している．ゲノムからは，メラネシア人はデニソヴァンのDNAの少なくとも20分の1を受けついでいることがわかっている．

現代人のDNA分析によって，現生人類はおよそ7万年前にアフリカを出発し，何世代もの後およそ5万年前にはオーストラリアに至り，ヨーロッパには4万年前に，そしてアメリカには1万3000年前に到達したと示唆されている．

考古学的な記録はこのシナリオを裏づけている．酸素同位元素ステージ3（OIS3）[*3]の間において，集団の中に社会的な構造ができ，絵画などの象徴的な表現手法が広まった．これらはまずアフリカに現れ，そしてオーストラリア，ユーラシア，そのほかに展開した．およそ4万年以上前のものとされる，火葬・埋葬されたオーストラリアの「ムンゴレディ」の遺骨や，埋葬された「ムンゴマン」，さらにはヨーロッパで3万5000年前とされる骨でつくられた楽器や，岩に描かれた芸術などに，古代の文化の目覚ましい多様性を見ることができる．

　ヒトが展開していった様子の詳細を確認するには，いっそうの研究が必要である．すでに述べた放射性炭素，OSL，ウラン系列やESRなど放射能や放射線を利用して正確に時代を測定する技術を利用することで，これからも有用な情報が得られることであろう．

　ヒトの起源に関する研究を行うには，現生人類の更新世の間の展開や，生態系への影響などに関する難問に対して，信頼できる時代に関する情報を提供する必要がある．オーストラリアや米国において巨大動物が絶滅したことと人類の展開との関係などは，とくに議論の分かれるところである．

　オーストラリアでは，ヒトと大型動物が共存していた時代を知るために，考古学の遺跡を再評価しようとするグループがある．ウォンバットに似たディプロトドンやオオカンガルーなどの大型の動物が絶滅したのがヒトのせいなのか，あるいは気候の変化のためなのかをはっきりさせることが目的

だ．これまでの研究結果では，オーストラリアにおいてヒトと巨大動物は数千年にわたって共存していたことが示されている．一方米国では，クローヴィス人の狩人と剣歯ネコのような大型動物が共存していた期間は比較的短かった．

すでによく知られているように，現生人類が完新世（現在の間氷期）に及ぼした影響は小さくない．最近の知見からは，まさにこの時代の中ほどにおいて，現生人類の行動に特徴的な洞察を得ることができるだろう．

一つの種，多くの個体

1991年9月19日，オーストリアとイタリアの国境にあるエッツタール・アルプスの氷河に，凍った遺体が引っかかっているのが発見された．保存状態はよく，当初は10年か20年前の登山者の遺体と考えられていたが，放射性炭素法で遺体や衣服などを調べたところ，やがて「イェツィ」とよばれるようになるこの男性の死亡推定年代は5300〜5100年前の間であることがわかった．

イェツィの素性や最期の数日間に何が起こったのかを明らかにしようと，数多くの法医学的な検査が行われた．X線CTスキャンにより，矢尻のように見えるものがイェツィの左肩に埋まっていることがわかった．彼が何らかの戦闘に関わり，これが彼の死因になったのではないかと推測された．

彼は，新石器時代の末期に地球上に住んでいた数百万人の現生人類の一人だったのだ．数万年前に新石器革命が起こっ

て，農業の発展や家畜を飼うようになる前には，ヒトの数は100万人を超えることはなかった．最近ドイツで発見され，放射性炭素法によりおよそ7000年前とされた人骨のDNA研究により，ヨーロッパにおける農業革命が大幅な人口増加を可能としたこと，そして，そもそもそれは農業による余剰で人口が急増した，中東からのグループが住みついた後であったことが明らかとなった．これらの結果は，初期の農民の系譜と，今日イラクやシリアおよび近隣国に住む人々を結びつけるものである．

現在，ヒトに対抗できる生物種はいない．ヒトは自らをすべての生物の頂点と考え，増え続け，希少資源を利用し続けている．放射能の発見とその利用は私たちの生活を改善してきた．しかし，一方で，私たちの歴史の中であらたな注意喚起のチャンスも与えてくれた．これからのあらたな挑戦は，私たちの深い過去から学び，不確かな未来とよりよく向き合うことであろう．

*1　ホミニンの遺骨とともに発見される，すでに時代が特定されている哺乳動物の化石と比較する方法．

*2　化石によって地層を特徴づけ，地域間で対比して，相対的な地質年代を決めることを目的とする地質学の一分野．

*3　[訳注]酸素同位体比を指標として分類される時代区分（酸素同位体ステージ）の一つ．酸素の中に占める酸素-18の割合（同位体

比）は，気候変動を反映するとされ，寒冷期にはその比が大きくなり，温暖期には小さくなる．地質学的なスケールの年代の中で変動する酸素同位体比の高低のピークに番号を振り，ステージという．現代からさかのぼって三つ目のピークに相当する比較的温暖な時期を酸素同位体ステージ3とよび，おおよそ5.9〜2.4万年前に相当する．なお，酸素同位体比は，深海底から得られる地層試料の分析によって知ることができる．

参考文献

第 1 章

J. P. Adloff, "The Laboratory Notebooks of Pierre and Marie Curie and the Discovery of Polonium and Radium", *Czechoslovak Journal of Physics*, 49 (1999): 15–28.

M. C. Henderson, M. S. Livingston, and E. O. Lawrence, "Artificial Radioactivity Produced by Deuton Bombardment", *Physical Review*, 45 (1934): 428–429.

M. Abid, *et al.*, "Measurements of Radioactivity in Books and Calculations of Resultant Eye Doses to Readers", *Health Physics*, 88 (2005): 169–174.

http://www.world-nuclear.org/info/inf05.html

第 2 章

H. A. Bethe, "Energy Production in Stars", *Physical Review*, 55 (1939): 434–456.

IAEA, "Thorium Fuel Cycle – Potential Benefits and Challenges", IAEA-TECDOC-1450 (2005).

第 4 章

J. Walton, *et al.*, "Uptake of Trace Amounts of Aluminium into the Brain from Drinking Water", *Neurotoxicology*, 16 (1995): 187–190.

第 5 章

http://www.epa.gov/radiation/source-reduction-management/applications.html

第 6 章

M. A. C. Hotchkis, *et al.*, "Application of Accelerator Mass Spectrometry for

Uranium-236 Analysis", *Journal of Nuclear Science and Technology*, 3 (2002): 532.

IAEA, "Nuclear Security Measures at the XV Pan American Games: Rio De Janeiro 2007", IAEA, Vienna, 2009.

U. Zoppi, *et al.*, "Forensic Applications of C-14 Bomb-Pulse Dating", *Nuclear Instruments and Methods in Physics Research B*, 223 (2004): 770–775.

S. Thomson, *et al.*, "Unmasking the Illicit Trafficking of Nuclear and Other Radioactive Materials", in *Radionuclide Concentrations in Foods and Environment*, ed. N. Nollet and M. Poschl, Marce Dekker, 2006, pp. 333–365.

第 7 章

http://www.physicsoftheuniverse.com/topics_bigbang_timeline.html
http://en.wikipedia.org/wiki/Timeline_of_the_Big_Bang#Hadron_epoch
http://math.ucr.edu/home/baez/timeline.html#bang

A. El Albani *et al.*, "Large Colonial Organisms with Coordinated Growth in Oxygenated Environments 2.1 Gyr Ago", *Nature*, 466 (2010): 100–103.

F. J. Vine and D. H. Matthews, "Magnetic Anomalies over Ocean Ridges", *Nature*, 199 (1963): 947–949.

C. Tuniz, *et al.*, "Recent Cosmic Ray Exposure History of ALHA81005", *Geophysical Research Letters*, 10 (1983): 804.

S. Török, K. Jones, and C. Tuniz, "Characterisation of Minerals Using Ion and Photon Beam Methods", in *Nuclear Methods in Geology*, ed. A. Vértes *et al.*, Plenum Press, 1998, pp. 217–249.

D. K. Pal, *et al.*, "Spallogenic Be-10 in the Jilin Chondrite", *Earth and Planetary Science Letters*, 72 (1984): 273.

J. Chela-Flores, *et al.*, "Evolution of Plant–Animal Interaction", in *All Flesh is Grass: Plant–Animal Interactions, A Love–Hate Affair*, ed. J. Seckbach and Z. Dubinsky; reprinted in *Cellular Origin and Life in Extreme Habitats and Astrobiology*, Springer, 2009.

J. Chela-Flores, *et al.*, "Astronomical and Astrobiological Imprints on the Fossil Records: A Review", in *From Fossils to Astrobiology*, ed. J. Seckbach, in *Cellular Origins, Life in Extreme Habitats and Astrobiology*, Springer, 2009, pp. 389–408.

P. Carlson and A. de Angelis, "Nationalism and Internationalism in Science: The Case of the Discovery of Cosmic Rays", *The European Physical Journal H*, 35 (2011): 309–329.

P. C. England, P. Molnar, and F. M. Richter, "Kelvin, Perry and the Earth", *American Scientist*, 95 (2007): 342–349.

第 8 章

R. Pickering, *et al.*, "*Australopithecus sediba* at 1.977 Ma and Implications for the Origins of the Genus *Homo*", *Science*, 333 (2011): 1421.

K. J. Carlson, *et al.*, "The Endocast of MH1, *Australopithecus sediba*", *Science*, 333 (2011): 1402.

M. Sponheimer, *et al.*, "Isotopic Evidence for the Diet of an Early Hominid, *Australopithecus africanus*", *Science*, 283 (1999): 368.

原著者がすすめる書籍

J. Bernstein, "Plutonium", New South, 2007（邦訳：村岡克紀 訳,『プルトニウム―この世で最も危険な元素の物語』, 産業図書, 2008 年）.

P. Bizony, "Atom", Icon Books, 2008（邦訳：渡会圭子 訳,『Atom―原子の正体に迫った伝説の科学者たち』, 近代科学社, 2010 年）.

B. Cathcart, "The Fly in the Cathedral", Farrar, Straus and Giroux, 2004.

D. M. Harland, "The Big Bang", Springer, 2003.

P. W. Jackson, "The Chronologers' Quest", Cambridge University Press, 2006.

M. F. L'Annunziata, "Radioactivity", Elsevier, 2007.

M. Levi, "On Nuclear Terrorism", Harvard University Press, 2007.

C. Lewis, "The Dating Game", Cambridge University Press, 2000.

D. Macdougall, "Nature's Clocks", University of California Press, 2008.

H. Y. Mcsween, Jr. and G. R. Huss, "Cosmochemistry", Cambridge University Press, 2010.

S. F. Mason, "Chemical Evolution", Clarendon Press, 1991.

R. Muller, "Physics for Future Presidents", Norton, 2008（邦訳：二階堂行彦 訳,『今この世界を生きているあなたのためのサイエンス』, 楽工社, 2010 年）.

H. Reeves, J. de Rosnay, Y. Coppens, and D. Simmonet, "Origins", Arcade, 1996.

E. Segre, "From X-Rays to Quarks", W. H. Freeman, 1980（邦訳：久保亮五, 矢崎裕二 訳,『X 線からクォークまで―20 世紀の物理学者たち』, みすず書房, 1982 年）.

S. Singh, "Big Bang", Fourth Estate, 2004.

C. Stringer, "The Origin of Our Species", Penguin Books, 2012.

C. Tuniz, R. Gillespie, and C. Jones, "The Bone Readers: Atoms, Genes and the Politics of Australia's Deep Past", Allen & Unwin, 2009.

C. Tuniz, J. R. Bird, D. Fink, and G. Herzog, "Accelerator Mass Spectrometry", CRC Press, 1998.

P. Willmott, "An Introduction to Synchrotron Radiation", Wiley, 2011（邦訳：

光量子科学技術推進会議 訳,『実用シンクロトロン放射光』,日刊工業新聞社,1997 年).
M. Woolfson, "Time, Space, Stars and Man", Imperial College Press, 2009.
T. Zoellner, "Uranium", Penguin Books, 2009.

訳者がすすめる書籍

岡野眞治 著,『放射線とのつきあい―老科学者からのメッセージ』,かまくら春秋社,2011 年.

放射線医学総合研究所 編著,『虎の巻 低線量放射線と健康影響―先生,放射線を浴びても大丈夫？と聞かれたら』,医療科学社,2012 年.

岩崎民子 著,『放射線と付き合う時代を生きる』,丸善出版,2013 年.

I. G. Draganić, Z. D. Draganić, J.-P. Adloff 著, 松浦辰男ほか 訳,『放射線と放射能―宇宙・地球におけるその存在と働き』, 学会出版センター, 1996 年.

東嶋和子 著,『放射線利用の基礎知識―半導体,強化タイヤから品種改良,食品照射まで』,講談社,2006 年.

N. D. Tyson, D. Goldsmith 著, 水谷 淳 訳,『宇宙 起源をめぐる 140 億年の旅』, 早川書房, 2005 年.

海部陽介 著,『人類がたどってきた道―"文化の多様化"の起源を探る』, 日本放送出版協会, 2005 年.

G. Allison 著, 秋山信将, 堀部純子, 戸崎洋史 訳,『核テロ―今ここにある恐怖のシナリオ』, 日本経済新聞社, 2006 年.

野口邦和ほか 監修,『よくわかる原子力とエネルギー』, ポプラ社, 2012 年.

謝　辞

　多くの同僚が本書の原稿を厳しく検討し，より良いものとするための助言をくれた．特に，アブデルクレム・アウディア，マリーナ・コバル，パオロ・クレミネリ，ファビオ・デ・グアリーニ，コリン・グローブス，シェリル・ジョウンズ，ヨーガン・キュピツ，フランチェスコ・ロンゴ，ロベルト・マキャーリ，マリアローズ・マリサン，フランチェスカ・マッテウッチ，コリン・マリー＝ウォレス，ミシェル・ピーパン，ネヴィオ・プグリエセ，オルガー・レグナー，バーバラ・ステニス，フィリッポ・テラッシ，パトリジア・チベルティ・ヴィプライオ，アレッサンドロ・チュニス，ケヴィン・バーベルに感謝したい．

図の出典

図 1
© CERN

図 2
US Army Photographic Signal Corps

図 3
US National Library of Medicine

図 16
© Fotokon/Shutterstock.com

図 18
With permission from the IAEA Data Bank.
Credit: Petr Pavlicek/IAEA

図 21
Reprinted from Cell, 122: 133–43, K. L. Spalding *et al.*, 'Retrospective Birth Dating of Cells in Humans', © 2005, with permission from Elsevier

図 22
© Science Photo Library

索引

欧文

ALHA 81005　140
ALHA 84001　140
AMS　75, 95, 111
BNCT　93
　──の臨床応用　94
BOREXINO　5
Bq　14
BWR　58
CAI　139
CERN　3, 131
Ci　14
CTBTO　5
CUORE　4
ESR　110
FAO　74
GCR　58
Gy　42
IAEA　38, 119
ICRP　1, 38
ITER　67
JT-60　67
K-T境界　155
NPT　119
OSL　110
PET　86
PHWR　58
PWR　56
RTG　125
SIT　79
SPECT　85
Sv　43
TL　110
WHO　2
X線画像　81
X線デジタル画像　129

あ 行

アイゼンハワー，ドワイト　119
アウストラロピテクス　159
アエンデ隕石　138
アスタチン-211　93
アストン，フランシス・ウィリアム　64
アッシャー，ジェームス　146
圧力容器　54
天の川銀河　135
アミノ酸　138
アメリシウム-241　105
アルゴン-アルゴン法　161
アルディ　162
アルバレス，ウォルター　156
アルバレス，ルイス　156
アルファ線　16
アルファ粒子　92

アルミニウム-26　110, 140
アルミニウムとアルツハイマー病の関係　96
暗黒物質　132
アンナ＝ベルテ, レントゲン　11

育　種　74
育種家　73
イタリア原子核物理研究所　3
一次宇宙線　36
イッテルビウム-169　104
イリジウム-192　91, 104
陰極線　10
インジウム-111　91
隕　石　138

ヴィラール, ポール　17
ウィルソン, ロバート　90, 133
宇宙線　2, 137
　——の発見　136
宇宙探査　107
宇宙背景放射　133
ウラン-233　51
ウラン-235　51, 134
ウラン-238　51, 134
ウラン-鉛法　151〜152

塩素-36　77, 137

欧州原子核研究機構（CERN）　3
大型ハドロン衝突型加速器　131
オクロウラン鉱脈　52
オクロの「原子炉」　53
オゾン層　144
オッペンハイマー, ロバート　117
「重い原子核の分裂の発見」　35
オルドビス紀　147

か 行

加圧重水炉（PHWR）　58
加圧水型原子炉（PWR）　57
ガイガー, ハンス　19
害虫駆除　78
害虫不妊化技術（SIT）　79
壊変定数　28
化　学　24
核警察研究所　126
核実験パルス　98, 112
核テロ　123
格納容器　54
核の番人　121
核物質の拡散　124
核分裂　34
核分裂反応　49
核分裂飛跡法　166
核分裂炉　54
核兵器クラブ　118, 120
核兵器不拡散条約（NPT）　119
核変換　21
核融合　64
核融合爆弾　68
核　力　41, 133
火災報知器　105
ガス冷却炉（GCR）　58
化　石　153
加速器質量分析装置（AMS）　75
カルシウム-41　97, 138
カルシウム-45　97
カルシウム-47　97
カルシウムとアルミニウムに富む包有物（CAI）　139
カルシウムの代謝　97
がん治療　87

カンブリア紀　147

気候変動　157
輝石　141
キャニオン・ディアブロ隕石　153
キュリー（Ci）　14
キュリー，イレーヌ　30
キュリー，ピエール　11, 13〜15, 47
キュリー，マリー　9, 11, 13
銀河の年齢　134
金属の環境中への放出　102

クォーク　131
クリプトン-81　78
クルックス，ウィリアム　19
グレイ（Gy）　42
クーロン，シャルル＝オーギュスタン・ド　11

血管造影　82
原子核変換　22
原子核連鎖反応　49
原子爆弾　117
原子モデル　21
原子力　35
原子炉
　加圧水型——　58
　小型モジュラー／可搬型——　62
　第1世代の——　56
　第2世代の——　56
　第3世代の——　58
　第4世代の——　59, 62
　トリウムを基本とする——　62
　沸騰水型——　58
原生代　143

元素記号　29
減速材　54

高エネルギーイオン　89
高温岩体発電　48
考古学　109
更新世　158
高速炉　59
小型モジュラー／可搬型原子炉　63
国際熱核融合実験炉（ITER）　67
国際放射線防護委員会（ICRP）　1
黒色矮星　135
国立点火施設　69
個人線量計　44
コッククロフト＝ウォルトン型加速器　32
コンピューター体軸断層撮影法　83

さ　行
細胞の年代測定　98
サヘラントロプス・チャデンシス　162
三畳紀　148
酸素　144

「シカゴパイル1号」　52
歯科のX線検査　43
自然放射線　43
自然放射能　47
実効線量　43
シナントロプス・ペキネンシス　170
シーベルト（Sv）　43
周期表　25
重水素-トリチウム融合　67

索引　191

重陽子　32
シュタットラー, ルイス　73
腫瘍細胞　91
ジュラ紀　148
小線源治療　91
食品照射　72
植物の育種　73
ジョリオ, フレデリック　30
シラード, レオ　50
ジルコン　142
シルル紀　147
進化論　149
シンクロトロン放射X線蛍光顕微鏡　154
シンクロトロン放射光　84
シンクロトロン放射線施設　129
人工的連鎖反応　52
「人工放射性元素の発見」　32
人工放射能　31
人新世　148

水素-3　101
水爆実験　118
ストロンチウム-89　91

世界保健機関（WHO）　2
赤色巨星　133
石炭紀　147
石油の埋蔵量　102
絶対年代測定　110
セレン-75　104
先カンブリア時代　144, 147
線量限度　44

造影剤　82
ソディ, フレデリック　25

た 行

第三紀　148
大鑽井盆地　77
太陽風　139
第四紀　148
ダーウィン, チャールズ　147
ダ・ヴィンチ, レオナルド　154
ダーティボム　123
ダート, レイモンド　159
タリウム-201　85
タリウム-204　103
単一光子放出コンピューター断層撮影（SPECT）　85
炭素-14　42, 101

チェルノブイリ原子力発電所事故　37
地下水　75
　——の「年齢」　77
地球ニュートリノ　5
地球の年齢　146
窒素-13　31
地熱発電　48〜49
チャドウィック, ジェームス　30
中性子　30
中性子断層撮影法　104
中性子爆弾　69
中性子放射化分析　109
中性子捕獲　134
超新星爆発　134
直線加速器　88

ツェツェバエ　79
強い力　41

テクネチウム-99m　85
デニソヴァン　176
デボン紀　147

デモクリトス　22
デュボワ，ウジェーヌ　169
電子スピン共鳴（ESR）　110

等価線量　43
突然変異　72
トムソン，ジョセフ・ジョン　10
トリウム-232　134
トリチウム　101
ドルトン，ジョン　24
トレーサー　71, 94, 101

な　行
ニーア，アルフレッド　145
二次宇宙線　36, 137
二次がん　89
ニュートン，アイザック　149

ネアンデルタール人　172
熱ルミネセンス（TL）　110
熱ルミネセンス線量計　44
年代測定
　細胞の――　98
　光励起ルミネセンス――　175
　放射性炭素による――　110, 112
燃料サイクル　59

農業革命　179
脳　87

は　行
肺がん　2
排水処理　102
白亜紀　148
白色矮星　135
パチーニ，ドメニコ　136

バックグラウンド放射線　3
白血病　9
ハットン，ジェームス　146
ハッブル　152
パラケルスス　23
半減期　28
バンデグラーフ型加速器　32
反ニュートリノ　121
反ニュートリノ検出器　122

光励起ルミネセンス（OSL）年代測定　110, 175
ビスマス-213　92
ヒ　素　78
ビッグバン　131
ピッチブレンド　13
ピテカントロプス・エレクトス　169
ヒトの起源　177
ヒトラー　35
非破壊検査　103
ビュフォン，ジョルジュ＝ルイ・ルクレール・ド　149

フェリッシュ，オットー・ロバート　34
フェルミ，エンリコ　22, 33, 49
福島第一原子力発電所事故　6, 37
「プチ・キュリー」　81
フッ素-18　86
沸騰水型原子炉（BWR）　58
プルトニウム-238　108
プルトニウム-239　51
プルトニウム-244　134
プルトニウム爆弾　118
プレート　143
文化遺産の分析　109

「平和のための原子力」 119
北京原人 170
ベクレル（Bq） 14
ベクレル，アンリ 10
ベーコン，ロジャー 23
ヘス，ヴィクター 135
ベータ線 16
ヘベシー，ジョージ・ド 71
ペラン，ジャン 30
ベリー，ジョン 150
ヘリウム-3の核融合 70
ベリリウム-10 110, 140
ベリリウム-10/アルミニウム-26法 163
ベリリウム-10/ベリリウム-9法 163
ペルム紀 148
ペンジアス，アーノ 133

ボーア，ニールス 21
ボイル，ロバート 24
包括的核実験禁止条約機構（CTBTO） 5
放射性医薬品 84
放射性壊変 27
放射性製品 105
放射性同位元素ヒーターユニット 107
放射線検出器 115
放射線内分泌刺激装置 105
放射線の身体への影響 39
放射線発生兵器 125
放射能 13
ホウ素中性子捕捉療法（BNCT） 93
発赤 87
ホミニン 159
ホモ・エルガスター 167
ホモ・エレクトス 169
ホモ・ゲオルギクス 170
ホモ・ハビリス 166
ホモ属 166
ポール・シェラー研究所 129
ボルトウッド，バートラム 151
ホームズ，アーサー 151
ポロニウム 13
ポロニウム-210 41

ま 行

マイトナー，リーゼ 34
マースデン，エルンスト 19
マーチソン隕石 138
マッヘ単位 13
マラリア 80
マンハッタン計画 35

ミッシング・リンク 169
密封放射線源 103
「身元不明線源」 126

滅菌 104
メンデレーエフ，ドミトリ 24

モード1技術 168
モリブデン-99 85

や 行

夜光塗料 105

陽子線治療 89
ヨウ素-131 91
陽電子 30, 86
陽電子放出断層撮影（PET） 86

ヨーロッパ共同トーラス 67

ら 行

ライエル，チャールズ　147
ラザフォード，エルンスト　16〜17, 21, 28
ラジウム　14
ラドン　1
ラドン-222　1
ランバン＝ジョリオ，エレーヌ　15

リーキー，メアリー　159
リトヴィネンコ，アレキサンダー　41
リビー，ウィラード　110
リビングストン，スタンレー　32

類人猿　157〜158
ルーシー　160

レーザーメガジュール　69
レニウム-188　91
錬金術　22
連鎖反応　35

炉心　54
ローレンス，アーネスト　32
ローレンス・リバモア国立研究所　5

原著者紹介
Claudio Tuniz（クラウディオ・チュニス）
Abdus Salam 国際理論物理学センター 前副所長．放射線を用いた年代測定を専門．オーストラリア原子力科学技術機関の物理部門の責任者という経歴ももつ．共著に "The Science of Human Origins（人類の起源の科学）"，"Accelerator Mass Spectrometry（加速器質量分析法）" など．

訳者紹介
酒井 一夫（さかい・かずお）
放射線医学総合研究所 放射線防護研究センター センター長．理学博士．専門は放射線生物学，放射線防護学．共著に『原発事故の健康リスクとリスク・コミュニケーション』（医歯薬出版）など．

サイエンス・パレット 018
放射線 ── 科学が開けたパンドラの箱

平成 26 年 8 月 25 日　発　行

訳　者　　酒　井　一　夫

発行者　　池　田　和　博

発行所　　丸善出版株式会社

〒101-0051 東京都千代田区神田神保町二丁目17番
編集：電話（03）3512-3262／FAX（03）3512-3272
営業：電話（03）3512-3256／FAX（03）3512-3270
http://pub.maruzen.co.jp/

© Kazuo Sakai, 2014

組版印刷・製本／大日本印刷株式会社

ISBN 978-4-621-08843-2　C0340　　　　Printed in Japan

本書の無断複写は著作権法上での例外を除き禁じられています．